MW01492619

La jaula dorada

Autoayuda

Hilde Bruch

La jaula dorada

El enigma de la anorexia nerviosa

PAIDÓS

Barcelona
Buenos Aires
México

Título original: *The Golden Cage*, de Hilde Bruch
Originalmente publicado en inglés, en 1978, por Harvard University Press,
    Cambridge, Massachusetts, EE.UU.

Traducción de Rafael Santandreu

Cubierta de Diego Feijóo

1ª edición, 2002
6ª edición, noviembre 2016

ISBN: 978-84-493-1173-4
Depósito legal: B. 31.524-2009

Impreso en Servinform, S.A.

El papel utilizado para la impresión de este libro es cien por cien libre de cloro
y está calificado como papel ecológico

Impreso en España – *Printed in Spain*

A esas delgadísimas chiquillas
que me ayudaron a escribir este libro

Sumario

Prólogo
Catherine Steiner-Adair

Durante los últimos veinticinco años, de una manera u otra, he estado dándole vueltas a las cuestiones de que trata *La jaula dorada*. En otoño de 1978 me hallaba estudiando psicología clínica en una universidad privada para chicas situada en un barrio de clase media-alta de una ciudad de Estados Unidos. Allí me encontré por primera vez con un grupo de personas con desórdenes alimenticios y recuerdo que no dejaba de preguntarme cómo unas jóvenes tan inteligentes, sensibles y privilegiadas podían malgastar aquellos años maravillosos de sus vidas por una obsesión como aquella. Tres años más tarde, en una escuela de élite donde trabajé, tuve la misma experiencia: estaba asombrada por la cantidad de jovencitas que me consultaban por problemas con la comida.

Las razones por las que las chicas buscaban consejo eran las normales de la adolescencia: inseguridad general, un divorcio en la familia, depresión, dificultades con la compañera de habitación, choques de personalidad con otras estudiantes, problemas con los estudios o heridas sentimentales. Pero todas tenían los mismos síntomas: dietas muy rigurosas, ejercicio compulsivo hasta la agonía, un sentimiento de terror y pánico ante la idea de engordar, pérdida de peso, miedo a la comida y miedo a mantener un peso médicamente sano. ¿Cómo podía ayudar a esas chicas que despreciaban sus necesidades individuales más básicas? ¿Cómo podía influir en alguien que pensaba que no merecía ninguna ayuda porque no estaba lo suficientemente delgada? Parecía que todas estaban de acuerdo en que sólo tras adelgazar podrían empezar a resolver el resto de sus problemas.

La literatura académica suele describir la adolescencia como un período de autodescubrimiento y autodiferenciación, en el que se experimenta una necesidad de enfrentarse a la autoridad y al orden establecido con estallidos de creatividad y angustia existencial. Sin embargo, en aquellas muchachas no veía ninguna búsqueda de individualidad o aceptación personal. Todas recitaban la misma letanía de automenosprecio «Sólo con que pudiese ser más delgada, más alta, si pudiese perder 3, 6, 8, 10, 13, 15 kilos...».

Por suerte para mí, tuve la oportunidad de canalizar mi preocupación ante lo que veía. Mi tutora en la Universidad de Harvard, Carol Gilligan, me animó para que buscara un tema de investigación que me apasionara. Como en aquella época había muy poca información acerca de los desórdenes de la alimentación, me propuse descubrir por qué tantas chicas desarrollaban enfermedades de ese tipo y qué se podía hacer para resolver el problema. Hilde Bruch fue la primera autora que encontré y su libro fue mi fuente de inspiración básica.

Hilde Bruch sentía una compasión maravillosa por las jóvenes anoréxicas. Mientras la mayoría de los textos psicoanalíticos de aquel período eran muy condescendientes respecto a estas chicas —sugerían deseos de manipulación, impulsos sexuales reprimidos o miedo a una fantaseada fecundación oral—, el lenguaje de Bruch era respetuoso y se notaba que le interesaban las enfermas como personas individuales. Describía tan bien cada uno de los casos que casi podía oír las palabras de las pacientes, lo que me sirvió para entender mejor a las que acudían a mi consulta. Yo también me encontré con muchas muchachas aterrorizadas tras haber pasado de doctor en doctor; a muchas les habían dicho cosas como: «¡Te voy a ingresar en un hospital y les diré que te metan un tubo por la garganta para engordarte si no ganas peso inmediatamente!». «¡Come de una vez!»

En aquellos días los trabajos de Bruch fueron mano de santo para los que nos enfrentábamos a los desórdenes de la alimentación. Nos proporcionó un manual al que poder acudir y nos advirtió de muchos de los desafíos con los que nos enfrentaríamos, como el problema de conseguir que la paciente gane peso antes de iniciar la terapia. Varios años antes de que se pusiese nombre a la bulimia y se identificase como un desorden de la alimentación, Bruch se dio cuenta de que las anoréxicas pasan por una fase de glotonería compulsiva antes de recuperarse. Quizá sus mayores contribuciones a este campo de estudio sean su genuino respeto y compasión por las enfermas y su habilidad para exponer el tema a «médicos, psicólogos, profesores y padres».

Bruch no sólo ayudó a entender el mundo interior de las muchachas con desórdenes alimenticios, sino que también fue de las primeras en diseñar un tratamiento específico para estas pacientes. Su manera de tratar a las enfermas es un paradigma difícilmente superable. Con el mayor de los amores les explicaba la naturaleza de su enfermedad, les enseñaba a distinguir entre su auténtica hambre física y su obsesión por la comida e insistía en que los síntomas tenían un significado y una integridad y que se podían entender sin apelar a lo patológico. Para ella, la terapia analítica profunda, a largo plazo, estaba de más. No se podía dejar que las pacientes se consumiesen a la

13

espera de una futura recuperación: siempre dijo que las pacientes más graves debían, antes que nada, recuperar peso. Sus métodos encajaban a la perfección con las investigaciones (entonces novedosas) en torno a cómo se socializan las chicas para ser «buenas muchachas». Bruch buscaba el desarrollo de una terapia de enfoque interactivo. Y quizá lo más importante: insistía en la necesidad de establecer una relación real con los pacientes, sujetos dóciles pero, a la vez, desconfiados.

A principios de la década de 1980 moderé, en una facultad de medicina, una conferencia sobre cómo tratar la anorexia. Cada uno de los expertos presentaba su terapia: psicoanalítica, de terapia familiar, cognitiva conductual o psicodinámica del *insight*. Muy pronto, todo el mundo usaba la técnica del otro. No sé de otro desorden psicológico que requiera un enfoque tan interdisciplinar como éste. Muchas pacientes trabajan con varias terapias a la vez, como la terapia interpersonal, el entrenamiento asertivo, la terapia de familia y de grupo, la cognitivo-conductual y la de reducción del estrés. Además de la terapia, hoy en día se acepta que cualquier tratamiento debe incluir a un nutricionista, un internista, un endocrinólogo y un psicofarmacólogo.

Bruch solía ser dura con las madres de las pacientes con anorexia. Yo también he conocido madres que parecen estar psicológicamente agonizantes y que torturan a sus hijas con comentarios como: «¡Las pasadas vacaciones te llegaba la barriga a las rodillas!» o «¡Nadie querrá casarse contigo por lo gorda que estás!». Algunos de los padres con los que he trabajado solían preguntar a sus hijas sanas cosas como «¿Has ido hoy al gimnasio?»; y lo preguntaban no porque les preocupara que sus hijas estuvieran haciendo demasiado ejercicio, sino porque no querían que engordaran. Otros incluso amenazaban a sus hijas con dejar de pagarles la universidad si «¡Dejaban la terapia y los laxantes!». Afortunadamente, esos padres son una excepción. La mayoría quiere a sus hijas por ser quienes son y está desconcertada ante su vertiginoso descenso de peso. A veces la emergencia de un desorden alimenticio en una hija puede alterar toda la dinámica familiar. En estas situaciones, la familia no es el primer factor causal de la enfermedad. En la actualidad ya no se juzga a la paciente o a su familia. Sin embargo, podemos y debemos intentar poner coto a la influencia social que empuja a estas muchachas a la enfermedad.

Quizá los puntos débiles de los trabajos de Bruch sean su incapacidad para pensar objetivamente acerca del «enorme peso que tiene la moda en el deseo de adelgazar» y su idea del papel de los movimientos feministas en la creación de desórdenes de la alimentación. Bruch pensaba que las nuevas oportunidades que tenían las mujeres de su época les hacía sentirse «abrumadas por el amplio abanico de oportunidades que se abría ante ellas, en el que "debían" encontrar su vocación; que había muchas elecciones posibles y temían no escoger correctamente». Aunque es cierto que muchas muchachas con anorexia se sienten abrumadas con sus elecciones vitales, es importante rastrear los sentimientos de malestar más allá de los contextos individuales y familiares. De hecho, las feministas de la década de 1960 buscaban la misma clase de poder que Bruch describe en la anorexia como «el derecho a ser reconocida como individuo, [...] a ser alimentada, educada y reconocida».

Es irónico que, en un momento histórico en el que la mujer pide ser liberada de las restricciones culturales que le impone una sociedad dominada por el hombre, aparezca una imagen de belleza completamente antinatural para una mujer adulta: la ingrávida niña abandonada. En aquella época, aunque el cuerpo de la joven ya era la primera medida de su deseabili-

15

dad, la localización de la misma pasó de la sexualidad al peso. Bruch describió elocuentemente la presión y el dolor experimentado por unas chicas, aquejadas por la enfermedad, que eran las que *a priori* estaban mejor situadas para tener éxito ante las nuevas oportunidades de las que hablaba. No es sorprendente que, cuando la definición cultural de éxito incluye la extrema delgadez, esas chicas bien situadas para conseguir el éxito sean las primeras en caer. De repente empecé a oír cómo se devaluaba a las mujeres gordas o simplemente grandes con las mismas palabras que antes se usaban con las mujeres sexualmente promiscuas —«no tienen autocontrol, no tienen respeto, son estúpidas, depresivas, están desesperadas, son unas fracasadas»—. La delgadez parecía reemplazar a la virginidad como clave de la feminidad. El canon para valorar el carácter moral de una mujer pasaba de lo que hacía sexualmente a lo que comía.

Aunque todas las mujeres están expuestas a la industria de la moda, no todas desarrollan la anorexia. En realidad, muchas se dejan tentar por conductas propias de los desórdenes de la alimentación —ayunos, purgas y comilonas—, pero nunca llegan a desarrollar un problema serio. Mientras tanto, durante todos estos años, la obesidad se ha convertido en un problema nacional en Estados Unidos. La cultura de consumo en la que estamos inmersos promueve un estilo de vida que incluye dieta y deporte o, todo lo contrario, comida en exceso. Desde que Bruch escribió *La jaula dorada*, los desórdenes en la alimentación han pasado a ser la tercera enfermedad crónica más importante en las adolescentes de Estados Unidos. La anorexia se ha extendido a todas las minorías raciales del país y a todas las clases sociales. Las afroamericanas parecen tener los mismos niveles de bulimia que las mujeres caucásicas y un estudio reciente sugiere que usan más laxantes y diuréticos que las demás. Parece evidente que debemos profundizar en el conocimiento de esta enfermedad y de sus poblaciones de riesgo.

Sentirse gorda se ha convertido en sinónimo de sentirse insegura, asustada, insignificante y ansiosa. Con la anorexia, los sentimientos que una llega a experimentar son incluso más extremos: muchas veces representan heridas profundas que se manifiestan a través del lenguaje del cuerpo. Para las anoréxicas, sus cuerpos son el mecanismo que tienen para encontrar seguridad y autoaceptación. Durante la terapia, trabajamos para descubrir cuáles son esas partes del yo de la mujer que están «gordas», que son inaceptables. Para una chica con anorexia, tener necesidades es fracasar. Estar delgada significa que ha controlado y, de hecho, superado las necesidades básicas de seguridad, aceptación y alimento emocional. Debido a que las chicas o las mujeres con desórdenes de alimentación tienen dificultades para llegar a o depender de los demás, recurren a rituales alimenticios y a fantasías acerca de la delgadez. Esas fantasías, mediatizadas culturalmente, se convierten en una especie de protección mágica.

¿Qué hay en los deseos y las necesidades de las mujeres que es tan amenazante para la sociedad y tan repelente para esas chicas? Los desórdenes alimenticios son la encarnación tanto literal como simbólica de la resistencia profunda al poder de la mujer. Si una chica no tiene necesidades, alberga una sensación de poder inmensa; ha conseguido un control casi sobrehumano sobre su cuerpo. Como es diferente, es especial. Al mismo tiempo, sin embargo, pierde sus ambiciones, aspiraciones y expectativas respecto a *los otros*. Cree que pierde el derecho a ocupar un lugar en el mundo.

Recientemente se ha extendido la edad en la que tienen lugar los desórdenes alimenticios. He recibido llamadas preocupadas de madres de hijas de 9 años y de maridos de mujeres de 60. Es descorazonador comprobar que ningún grupo es inmune a caer en esta enfermedad, aunque los factores de riesgo subyacentes pueden ser diferentes. Los temas de asimilación y aculturización, el desarrollo de una identidad etnocultural, los encuentros diarios con episodios racistas y la pobreza hace a las chicas negras incluso más susceptibles a padecer desórdenes de la alimentación como la obesidad crónica. Como sus hermanas blancas, las adolescentes negras con desórdenes alimenticios se sienten especiales, válidas y poderosas con su enfermedad: se sienten superiores y dueñas de la situación. Cuando inician su primera dieta seria desconocen que ésta será la que acabe controlando su vida.

Más aún, en la actualidad ya nadie piensa que los desórdenes alimenticios son un problema exclusivo de las mujeres. Cada vez hay más hombres que los sufren. La imagen cultural del hombre ideal ha vuelto a sus iconos patriarcales: el hombre fuerte, vigoroso y perfectamente dueño de la situación. Los adolescentes de hoy se preocupan mucho por estar «cachas».

No en vano, hay toda una industria multimillonaria que se encarga de decir a la gente que no está en forma. Quizás el tema más mencionado en *La jaula dorada* sea «la persecución sin descanso de la delgadez excesiva»; no es necesario reflexionar mucho para ver que la característica fundamental de la definición de belleza es la delgadez. La imagen es más importante ahora que hace veinticinco años porque los cuerpos de las revistas no son enteramente reales. Las modelos y actrices se reinventan a sí mismas con cirugía plástica y la tecnología de los ordenadores hace el resto.

La bulimia, la anorexia y los demás desórdenes alimenticios parecen ir en aumento tanto en Estados Unidos como en el resto del mundo. Estas enfermedades, que mantiene la propia cultura y que son las principales causas de mortalidad por encima del resto de dolencias psiquiátricas, no son en absoluto necesarias. ¿No sería hermoso que los anuncios de moda tuviesen advertencias sanitarias como tienen los paquetes de cigarrillos? «Advertencia: la modelo de este anuncio no tiene un cuerpo sano. Su imagen ha sido alterada, no llega al peso mínimo deseable y sufre de anorexia nerviosa.»

Nuestro conocimiento de los factores culturales que generan los desórdenes alimenticios es superior a nuestra habilidad para curarlos o prevenirlos. La investigación sobre prevención primaria sugiere que enseñar a los estudiantes cuáles son los riesgos de los desórdenes de la alimentación puede animarlos todavía más a que caigan en ellos. Así que los programas de prevención se centran en formarles sobre la salud, sobre los prejuicios en cuanto al peso, la altura o la figura, sobre la autoestima y en enseñarles a hacer una lectura crítica de los mensajes de los medios de comunicación. Es obvio que la obsesión por la delgadez tiene que ver con el poder, el respeto y el éxito, y no simplemente con la salud.

Durante los últimos tres años he estado trabajando con Lisa Sjostrom en el Eating Disorders Center de Harvard, investigando y desarrollando un programa de prevención llamado «Plenitud para nosotras: poder, salud y liderazgo para la mujer». El título procede de mi experiencia al pedir a chicos y chicas de 12 a 14 años que se giren hacia la persona que tienen al lado y describan «cinco cosas acerca de sí mismos». Los chicos enseguida dicen cosas como: «Soy gracioso, corro rápido y soy muy diestro con la Nintendo». Las chicas afirman: «No puedo decir eso, es muy difícil» o «Que mi amiga Amy diga qué es lo mejor de mí». A las chicas les cuesta mucho hablar de sus capacidades sin que parezcan «unas zorras/unas esnobs/unas creídas». Nosotros intentamos convencerlas de que es bueno conocerse y gustarse, de que hay un punto medio entre ser egoísta y ser una don nadie.

En nuestro programa, chicas de 13 a 14 años con alto riesgo de caer en desórdenes de la alimentación exploran una serie muy amplia de temas: cómo resistir los mensajes de los medios de comunicación, el poder del pensamiento positivo, las maneras de ser una persona activa en la escuela, en casa y en su entorno en general, etc. Las chicas aprenden a resistir la influencia social, a ver lo injusto que es valorar a la gente por su peso, a apoyarse en vez de fastidiarse con ideas negativas. También aprenden a identificar una gran variedad de hambres —de comida, de ideas, de soledad, de amistad—, a satisfacer muchos de sus apetitos y a manejar el estrés sin usar la comida o el ejercicio compulsivo. Esas chicas, después, enseñan a otras de 8 a 10 años de edad (cuando empiezan a recibir los mensajes de los medios de comunicación relativos al peso) con un programa llamado «Pasa tu peso a las demás». Con ello esperamos que las chicas mejoren sus niveles de autoaceptación y autoconfianza, así como otras habilidades para lidiar con el mundo. También esperamos que aprendan a mantener unos hábitos de alimentación adecuados, a no vincularse con quienes sienten aversión hacia su cuerpo y a sentirse bien con el cuerpo que tienen en ese momento.

En *La jaula dorada*, Bruch describe el ansia de la anoréxica por sentirse querida por lo que es, no por lo que hace, y por tener libertad para escoger su propio criterio de éxito. Muchos adultos parecen desconectados de sus necesidades básicas, como el hecho de sentirse unido a una comunidad, a los buenos amigos, a sí mismos; casi no tienen tiempo libre ni fe en que nuestros hijos serán personas sanas y bien amadas. ¿Nos puede sorprender que ellos también adquieran esas deficiencias?

Sobrellevar y superar un desorden de la alimentación requiere un enorme coraje. Tenemos que atrevernos a confiar en nosotros mismos y a tener fe en que los demás nos verán y nos valorarán por la persona que somos. Si la anorexia tiene que ver con la «rabia reprimida, el miedo a la vida, la necesidad de controlar un mundo incontrolable y la baja autoestima», entonces los desórdenes de la alimentación reflejan que los hombres y las mujeres (en especial estas últimas) tienen problemas para sentirse felices, vitales, dueños de la situación y satisfechos con sus imperfecciones, que no son más que parte del mundo real.

Prefacio

¿Qué me dirían si les hablo de una nueva enfermedad que ataca selectivamente a personas ricas, jóvenes y hermosas? Sorprendente, ¿verdad? Pues esa enfermedad existe y está afectando a chicas de familias de buena posición y exquisita educación, no sólo en Estados Unidos, sino también en muchos otros países prósperos. El principal síntoma es la inanición que desemboca en una alarmante pérdida de peso; muchas veces se les describe con la frase «parece la víctima de un campo de concentración».

En realidad, llamarla nueva enfermedad no es del todo correcto. De hecho, fue descrita hace unos cien años en Inglaterra y Francia y ya entonces sir William Gull, un destacado médico de la época, le puso el nombre de *anorexia nervosa*. No hemos encontrado referencias anteriores, aunque Richard Morton, en 1689, habla de un «consumo nervioso», lo cual podría referirse a la misma enfermedad. En sus detalladas observaciones usa una nítida imagen: «Se trata de esqueletos andantes recubiertos sólo de piel».

Aun así, podemos decir que la anorexia nerviosa es una nueva enfermedad porque durante los últimos quince o veinte años el porcentaje de personas que la padecen está aumentando rápidamente. Antes era excepcionalmente rara. Hasta hace poco, la mayoría de los médicos sólo sabía de su existencia porque la había estudiado en la universidad, pero nunca había visto ningún caso. En la actualidad, es tan común que representa un auténtico problema para las escuelas de secundaria y las universidades. Incluso se podría hablar de epidemia a pesar de que aquí no hay agente infeccioso; su «contagio» se produce por factores psicosociológicos. La cuestión que nos desconcierta es ¿por qué ataca a jóvenes sanas educadas en familias privilegiadas, incluso rodeadas de todo lujo y comodidades? También se da en muchachos, normalmente en la prepubertad, aunque con mucha menos incidencia —probablemente menos de una décima parte que en las chicas—. Según una reciente encuesta llevada a cabo en escuelas inglesas, la incidencia en hombres era mucho menor; sólo de un caso entre tres mil estudiantes.

Sólo podemos especular acerca de la razón de que afecte a chicas de buena familia y de que haya aumentado su profusión en los últimos quince o veinte años. No disponemos de estudios sociológicos sistemáticos: yo me inclino por relacionarlo con el enorme énfasis que pone la industria de la moda en la delgadez. Una madre o una hermana mayor pueden comunicar a través de su conducta o sus amonestaciones que es importante estar delgada. No es poco común que las familias tengan un pariente con sobrepeso y el niño/a observe cuánto dolor provoca el hecho de estar gordo/a. Las revistas y el cine nos traen el mismo mensaje, pero la más persistente es la televisión, que nos bombardea con el mensaje de que podemos ser amados y respetados sólo si estamos delgados.

Otro factor puede ser la demanda justificada por parte de las mujeres de una mayor libertad para usar sus talentos y habilidades. Las chicas pueden experimentar esa liberación co-

24

mo la necesidad de que tienen que *hacer* algo destacable. Muchas de mis pacientes han expresado el sentimiento de que están agobiadas por el gran número de oportunidades que tienen y que deberían satisfacer, de que hay demasiadas posibilidades y de que temen no escoger correctamente. Yo comparo las demandas de una adolescente de hoy con las presiones que tiene que sufrir un ejecutivo de 40 años antes de acabar con un ataque al corazón. Otro de los factores que ha provocado una mayor incidencia de la anorexia nerviosa podría ser la mayor libertad sexual de nuestros tiempos modernos. Ahora se espera que las chicas tengan citas o experiencias heterosexuales a una edad mucho más temprana que antes. A una jovencita de 14 o 15 y, por supuesto, a una de 16 años que no tenga citas con un chico se la trata como a un bicho raro. A menudo la anorexia empieza después de leer un libro o ver una película sobre educación sexual que enfatiza lo que la chica debería hacer, pero para lo que no está preparada.

Sea cual sea la razón de esta mayor incidencia, es un hecho que la anorexia es cada vez algo más común. Esto ha ayudado a que conozcamos más la enfermedad. Desde la década de 1960 se han publicado muchos artículos sobre el tema en países tan distanciados como Rusia, Australia, Suecia, Italia, Inglaterra y Estados Unidos. Ahora todos estamos de acuerdo en que la anorexia nerviosa es una enfermedad concreta con una característica común: *la persecución sin límite de la delgadez excesiva.* Esta genuina anorexia nerviosa es la que se está haciendo más común, pero debe distinguirse bien de otras formas de pérdida de peso debida a otras razones. También hay acuerdo en que el nombre de anorexia nerviosa no es el más correcto, pero lo usamos y, sin duda, se seguirá usando por razones de utilidad. *Anorexia* significa «falta de apetito». Aunque las pacientes afectadas por esta dolencia dejan de comer, no se debe a la falta de apetito o a la pérdida de interés por la comida. Todo lo contrario; estas jóvenes están absolutamente preocupadas por los alimentos, pero consideran que la disciplina y la autonegación son sus mayores virtudes. Consideran que la satisfacción de sus deseos y necesidades significa caer en una vergonzosa autoindulgencia.

¿Cómo explicar esta paradójica actitud? En mi anterior libro, *Eating Disorders: Obesity, Anorexia Nervosa, and the Person Within* (1973), ya formulé el concepto de que ese excesivo interés por el cuerpo y su medida y el rígido control sobre la comida son síntomas tardíos de una lucha desesperada contra el sentimiento de ser explotado y esclavizado, de no ser competente para llevar una vida propia. En esa ciega búsqueda de su identidad, los jóvenes anoréxicos no aceptarán lo que sus padres o el mundo que les rodea les ofrecen; preferirán pasar hambre que seguir con una vida acomodaticia. Mi investigación se centra en las características de los pacientes poco antes de contraer la enfermedad. En todos los casos estaban alteradas tres áreas del funcionamiento psicológico: primero, la percepción del propio cuerpo, la manera en que se miran; segundo, la interpretación de estímulos externos e internos, siendo el fundamental la experiencia del hambre; y tercero, la propia aptitud: tienen una sensación paralizante de incapacidad, la convicción de ser incapaces de resolver o cambiar nada en sus vidas. Es con respecto a esta incapacidad para enfrentarse a los problemas de la vida cara a cara como se debe entender esta preocupación exagerada por el cuerpo. Esta incapacidad fue un hallazgo inesperado. Las pacientes anoréxicas son desafiantes y tozudas y nos hacen pensar al principio que son fuertes y vigorosas.

El libro al que he hecho mención más arriba está basado en las observaciones de setenta pacientes anoréxicos, diez de ellos hombres. Después de su publicación recibí un gran número de consultas de casos difíciles de tratar. Me llegaron unas trescientas cartas, frecuentemente largos manuscritos de pacientes y padres, aunque también de doctores y personal empleado en hospitales. Atendí personalmente a más de sesenta pacientes difíciles junto con sus familias, a los que entrevisté durante una semana o más. De éstos, acepté a unos veinte para llevar a cabo una psicoterapia más extensa.

Para ilustrar los puntos esenciales de este libro, mencionaré breves episodios de las historias del grupo de los sesenta; el mismo paciente puede aparecer en diferentes episodios bajo diferentes nombres. He escogido esta forma de camuflaje para evitar que se les reconozca. Estos jóvenes tienen orígenes diferentes, pero cuando los vi por primera vez actuaban de una manera increíblemente parecida. Si los primeros ejemplos le parecen repetitivos es porque reflejan precisamente esa característica y, por otro lado, la reacción al hambre es similar en todas las personas. Durante su recuperación emergieron las características individuales de todos ellos.

Las muchas historias que he oído acerca de tratamientos que han aplazado trágicamente la curación, que se han llevado negligente o inadecuadamente, me han convencido de la necesidad de proporcionar mucha más información acerca de la enfermedad. Este libro está escrito con la esperanza de que alcanzará a aquellos que están en contacto con jóvenes anoréxicos en sus inicios patológicos, antes de que desarrollen estados crónicos irreversibles. He de destacar que, durante estos años, he tratado a pacientes procedentes de varias partes del país (algunos del extranjero) y de diversas etnias y orígenes culturales. He seguido concentrada en los problemas anteriores a la manifestación de la enfermedad, es decir, en los antecedentes de las manifestaciones clínicas. Mis hallazgos anteriores han sido confirmados, aunque con un cambio de énfasis. Sin duda se ha esclarecido un número de factores importantes tales como el efecto del hambre en el funcionamiento psicológico y los déficit en el desarrollo cognitivo en el período preenfermedad.

También he observado diferencias en la manera en que los pacientes se conducen ante la enfermedad. Antes, ninguno sabía nada acerca de la anorexia; cada uno de ellos era, en cierta manera, un inventor original en este erróneo viaje hacia la independencia. Sus padres y profesores, incluso los médicos, se hallaban ante un cuadro de lo más extraño. En la actualidad, la mayoría de pacientes ha oído hablar de la anorexia nerviosa, antes o después de caer en la enfermedad. Incluso uno de los míos había leído con detalle mi libro *Eating Disorders* y había comparado su caso con los que aparecen en él. Antes, la enfermedad solía ser el logro de una chica aislada que sentía que había encontrado su propio camino hacia la salvación. Ahora es más una reacción de grupo. Recientemente, una nueva paciente me dijo de manera informal: «Oh, hay otras dos chicas en mi clase» (en un grupo de cuarenta muchachas de una escuela privada de secundaria). Podemos incluso especular que si la anorexia nerviosa se convierte en algo común, perderá una de sus características fundamentales, la representación de un logro muy especial. Si eso sucede, podemos esperar que su incidencia decaiga de nuevo. Mientras tanto, se trata de una enfermedad muy peligrosa que no sólo afecta a la salud inmediata de esas desafortunadas jóvenes, sino que también puede traumatizarlas durante toda la vida.

1

La enfermedad del hambre

«Es una enfermedad terrible porque ves cómo tu niña se destruye deliberadamente, cómo sufre y una no es capaz de hacer nada. Otra tragedia es que afecta a toda la familia porque nos pone en una situación de miedo y tensión constante. Rompe el corazón ver a Alma atrapada en las redes de esta enfermedad y ser incapaz de sacarla de ahí. La razón le dice que quiere ponerse bien y llevar una vida normal, pero no puede superar el miedo a ganar peso. Su delgadez se ha convertido en su orgullo y disfrute y en el objeto fundamental de su vida.»

Estas palabras están tomadas de la carta de una madre preocupada que nos pedía ayuda para su hija de 20 años, que había padecido anorexia nerviosa durante cinco años. A los 15, Alma era una niña sana y bien desarrollada, había tenido la primera menstruación a los 12, medía 1,66 m y pesaba 55 kg. En ese momento su madre la mandó a una escuela de mayor prestigio, un cambio al que ella se resistía; su padre sugirió que debería vigilar el peso, una idea que tomó al instante con entusiasmo, y así empezó una rígida dieta. Perdió peso rápidamente y la menstruación se detuvo. El hecho de estar delgada le daba una gran sensación de poder, orgullo y éxito. También empezó un programa de ejercicios desproporcionado: jugar al tenis durante horas, nadar 1 km y hacer tablas gimnásticas hasta la extenuación. Fuera cual fuera el peso alcanzado, Alma tenía miedo de estar «demasiado gorda» si recuperaba unos gramos. Durante mucho tiempo se intentó de mil maneras que ganase peso, pero lo perdía inmediatamente, con lo que casi siempre se mantuvo por debajo de los 32 kg. También experimentó un cambio radical en su carácter y conducta. Antes era dulce, obediente y considerada y ahora era muy exigente con los demás, obstinada, irritable y arrogante. Discutía constantemente no sólo acerca de lo que debería comer, sino también sobre otras actividades.

Cuando acudió a la consulta parecía un esqueleto andante, escasamente vestida con unos pantalones cortos y un top. Sus piernas parecían escobas; se le marcaba cada uno de los huesos; las clavículas parecían sostenerse por sí solas como pequeñas alas. Su madre dijo: «Cuando la abrazo sólo noto huesos, como un pajarillo atemorizado». Los brazos y las piernas de Alma estaban cubiertos de vello, su cutis había adquirido un tono amarillento y su pelo corto colgaba en tiras. Lo más impresionante era su cara —vacía como la reseca tez de una abuela enferma, los ojos hundidos y una nariz puntiaguda en la que se notaba la junta entre cartílago y hueso—. Cuando hablaba o sonreía —y era bastante alegre—, una podía ver todos los movimientos de los músculos alrededor de la boca y los ojos, como la representación anatómica de una cabeza. Alma insistía en que estaba bien y en que no había nada de malo en estar tan delgada. «Disfruto con esta enfermedad. La quiero. No puedo convencerme a mí misma de que estoy enferma y de que tengo algo de que recuperarme.»

La anorexia nerviosa es una enfermedad misteriosa, llena de contradicciones y paradojas. ¿Cómo pueden esas jóvenes desear el suplicio del hambre, incluso hasta el punto de la muerte? El miedo al hambre es tan universal que pasar esa sensación voluntariamente despierta en los demás admiración, sobrecogimiento y curiosidad. De hecho, algunas personas la explotan para darse publicidad o como forma de manifestación. Existe una componente exhibicionista en la anorexia, aunque muy pocas chicas lo admitirán desde el principio. Durante la terapia muchas confesarán que esa dieta cruel era una manera de llamar la atención, pues sentían que nadie se preocupaba por ellas. Las pacientes jóvenes incluso dirán sin vergüenza: «Si como, mi madre ya no me querrá más».

Excepto para insistir en que comen «un montón», se muestran poco dispuestas a decir lo que realmente comen. Cuando se las presiona para que den más información, las respuestas pueden ser increíbles. Una chica de 14 años decía desafiante: «Por supuesto que desayuno; me como una galleta». Una chica de 22 años explicaba: «Cuando digo que como demasiado, puede ser que no se trate de lo que usted piensa. Yo siento que me atiborro si como más de una galleta con crema de cacahuete». Esther nos describía su «estupenda dieta», que consistía simplemente en evitar ingerir cualquier caloría extra. «Ni siquiera lamo los sellos para pegarlos. Nunca se sabe cuántas calorías puede haber ahí.» Los padres suelen quejarse de lo doloroso y exasperante que es ver cómo un hijo rechaza la comida. Sin embargo, en los últimos años he visto algunas madres que estaban de acuerdo con sus hijas anoréxicas con respecto a lo que comían éstas. El problema era que no entendían por qué pesaban tan poco. Invariablemente, esas mujeres estaban preocupadas por su propio peso y envidiaban la fuerza de voluntad de sus hijas.

Incluso más intrigante que el hambre voluntaria es la afirmación de que no se trata de un hambre que duela o del que se sufre. Al contrario, algunas afirman enfáticamente que disfru-

31

tan con ello, que percibir el estómago plano y vacío les hace sentirse bien. Es muy difícil obtener aproximaciones objetivas a cómo se sienten las anoréxicas. Están realmente confusas acerca de sus sensaciones porque el hambre tiene un efecto desorganizador en su funcionamiento general y en sus reacciones psicológicas. La malnutrición crónica va acompañada de cambios bioquímicos que, aunque lejos de haberse estudiado adecuadamente, sabemos que influyen en el pensamiento, los sentidos y la conducta.

Sean cuales sean las sensaciones internas de las anoréxicas o las imprecisas descripciones de las mismas, éstas no sufren de falta de apetito, sino de un temor agudo a ganar peso. Para evitar el más terrible de los destinos imaginables, el de ponerse «gordas», se lavan el cerebro (esta expresión la suelen usar todas) para cambiar sus sensaciones. Aunque experimentan hambre, se entrenan para considerarlo placentero y deseable. Como son capaces de aguantarlo, el hecho de adelgazar cada día más les da un orgullo que les permite tolerarlo casi todo. Por grande que sea el sufrimiento que implique la dieta, el miedo a no controlar su enorme interés por la comida será aún mayor. El rechazo de la comida o no comer como manera de autocastigarse no son más que defensas contra el miedo original —el de comer demasiado, el de no tener control, el de abandonarse a sus urgencias biológicas.

Al controlar su dieta, algunas sienten por primera vez que hay un centro profundo en su personalidad y que están en contacto con sus sensaciones. Otras ven su autosacrificio como una especie de rito de iniciación. Algunas son conscientes de la complejidad de no comer. Betty nos explicaba que perder peso le proporcionaba poder, que cada kilo que perdía era como un tesoro que añadía a ese poder. Esta acumulación de poder le daba otra clase de «peso», el derecho a ser considerada como un individuo y a permitirse luego dar rienda suelta a su yo glotón. En un momento dado perdía kilos con rapidez, preocupada por la comida y la bebida. Cuando la hospitalizaban estaba agradecida de que la forzaran a comer. «Perdiendo peso, acumulando kilos me daba el permiso de ser alimentada, cuidada y reconocida.» Al mismo tiempo, se pesaba continuamente para compararse con otras anoréxicas, tanto si comía mucho como si ganaba peso muy rápido.

Es increíble e incluso sobrecogedor para los que observan el fenómeno desde fuera la determinación con que las anoréxicas persiguen su objetivo de la delgadez extrema no sólo a través de la restricción de la comida, sino también del ejercicio exagerado. La mayoría de mis pacientes ya estaban interesadas en el ejercicio antes de contraer la enfermedad y habían tomado parte en las actividades deportivas de su grupo, pero ahora el ejercicio se convierte en algo solitario, en una manera de quemar calorías o mostrar capacidad de resistencia. A pesar de la debilidad asociada a la grave pérdida de peso, realizan auténticas hazañas para demostrarse a sí mismas el ideal de la prevalencia de «la mente sobre el cuerpo». Cora empezó a hacer natación aumentando día a día el número de piscinas realizadas. Al final, pasaba unas seis horas diarias en el agua. Además, jugaba al tenis durante varias horas al día, corría en vez de caminar siempre que podía y se convirtió en una experta saltadora de vallas. En la escuela trabajaba muy duro para conseguir las mejores notas. Estaba ocupada veintiuna horas al día y sólo dormía tres. Al principio lo negaba, pero luego admitió que se sentía terriblemente hambrienta durante todo el día. Le enorgullecía tanto su actitud que el sufrimiento se convirtió en sensación de disfrute.

Mucho más tarde describió cómo durante los períodos de hambre más duros todas sus experiencias sensoriales se veían enervadas, particularmente la vista y el oído. Se sentía mejor durante la noche que durante el día porque entonces no había tanta luz y ruido. Durante el día desarrollaba sus múltiples actividades, ir a la escuela y hacer deportes, y durante la noche estudiaba porque con la oscuridad todo es «más bonito, silencioso y fresco». En muchos sentidos, estas chicas se tratan a sí mismas como si fueran esclavas a las que se niegan todos los placeres e indulgencias, se las alimenta mínimamente y se las hace trabajar hasta la extenuación. Un paciente varón (de 23 años), para probar su capacidad de autodisciplina, inició una dieta en su último año en la universidad. Cuando empezó a sentirse débil y a darse cuenta de que su cuerpo se deterioraba, incrementó el número de kilómetros de *jogging* para asegurarse de que no era un perezoso.

Con toda esa actividad exagerada y la pérdida de peso, las jóvenes declaran que no les pasa nada, que se sienten bien y les gusta su aspecto. Si ganasen unos gramos más, se sentirían culpables y se odiarían. Su incapacidad para «verse» objetivamente o reaccionar a la debilidad de su estricta malnutrición es una de las características de la auténtica anorexia nerviosa; es el rasgo más sorprendente de la enfermedad. La pérdida de peso no es un fenómeno exclusivo de la anorexia: ocurre en muchas condiciones orgánicas y también en diversas condiciones psiquiátricas y psicológicas especiales. Pero en los casos no anoréxicos, los pacientes se quejan de la pérdida de peso o están indiferentes al respecto; en ningún caso se vanaglorian de ello. Un enigma más: las anoréxicas no ven lo delgadas que están y niegan la existencia de una clara escualidez, pero, por otro lado, tienen un orgullo extraordinario por haber conseguido un logro supremo.

Su necesidad de estar tan delgadas como sea posible es tan grande que las anoréxicas harán cosas increíbles para lograrlo. En un esfuerzo por mantener los alimentos no deseados fuera del cuerpo, muchas se provocan vómitos, se practican enemas e ingieren diuréticos y laxantes de manera excesiva. Todo ello puede dar lugar a serias alteraciones en el equilibrio electrólito que, sin la atención necesaria, les podrían llevar a la muerte.

Sean cuales sean el significado y las razones por las que se llega a un peso tan bajo, muchas de las conductas que presenta la paciente anoréxica tienen que ver con el hecho de que se trata de un organismo con síntomas de inanición. Las descripciones clásicas de esta enfermedad hacen hincapié en las consecuencias físicas de la desnutrición: la pérdida de peso, la apariencia de esqueleto, la anemia, la sequedad de la piel, el crecimiento débil del cabello, la interrupción de la menstruación, la baja temperatura corporal y el metabolismo basal. Recientemente han aparecido estudios que revelan alteraciones neurológicas y endocrinas. La mayor parte de los esfuerzos se ha dedicado a dilucidar si esas alteraciones neuroendocrinas son las responsables o la causa de la anorexia nerviosa. Parece que todas esas alteraciones se pueden explicar como consecuencia de la malnutrición.

La conducta de las pacientes anoréxicas se parece a la de otras personas en estados de privación de alimentos. Durante los trágicos años de la Segunda Guerra Mundial, poblaciones enteras estuvieron expuestas al hambre y se aprendió mucho sobre los efectos psicológicos de la privación de alimentos. Las pacientes anoréxicas evitan hablar de la experiencia del hambre, al menos durante el inicio del tratamiento. Su peculiar conducta de alimentación parece similar a la observada en otros grupos de personas privadas de comida, excepto en lo que respecta a que ellas niegan sentir hambre —ilustrado, muchas veces, con la desafiante frase: «No necesito comer»—.

Como otra gente hambrienta, están siempre preocupadas por la comida, no hablan de nada más, se interesan exageradamente por la cocina y a veces incluso la invaden físicamente. No están interesadas en comer, pero forzarán a los demás a hacerlo.

Los padres de Dora no aceptaban que su brillante y admirada hija estuviese enferma y necesitase ayuda. Finalmente, acudieron a un terapeuta porque su conducta interfería con el funcionamiento de la familia. Se levantaba temprano por la mañana y preparaba un enorme desayuno y no permitía que los más pequeños se fuesen a la escuela hasta que se hubiesen terminado la última migaja. En otra familia, la hija de 15 años de edad se ponía a cocinar galletas y pasteles en cuanto volvía de la escuela y no permitía que sus padres se fueran a dormir hasta que no se hubiesen acabado hasta el último bocado. Lo que finalmente movió a la madre a buscar ayuda era su propia preocupación por su peso, ya que estaba engordando bajo la presión de su hija.

La preocupación excesiva por la comida no es exclusiva de la anorexia nerviosa. También se ha observado durante períodos de limitación o escasez de alimentos. La gente juega con la comida y hace inventos culinarios que, bajos condiciones normales, se considerarían extraños o de poco gusto, por ejemplo aumentando el uso de especias o sal. Lo mismo se observa en las chicas anoréxicas: no es raro verlas beber vinagre o poner cantidades exageradas de mostaza sobre una hoja de lechuga, por ejemplo. A medida que la inanición aumenta, el deseo de comida no disminuye. Prisioneros políticos han afirmado que sólo unos pocos comen la escasa comida de que disponen de una forma normal. La comida se trata como un gran secreto y muchos desarrollan métodos para alargar la débil ración durante un largo período, a veces usando una hora y media o dos horas para acabarse un pedazo de pan. Los prisioneros hablan continuamente de comida, de recetas o de sus platos favoritos y se entregan a fantasías sobre lo que comerán cuando estén libres.

Lo que se ha denominado «conducta anoréxica», refiriéndose a la anorexia nerviosa, como son la obsesión, la preocupación o cavilación en torno a la comida o quedarse absortos en actitud narcisista, es idéntico a lo que encontramos en cualquier víctima de inanición. La diferencia es, por supuesto, que la víctima de inanición involuntaria se come todo lo que encuentra a su paso. En contraste, la anoréxica se priva del alimento como si hubiese un dictador en su interior que la obligase a ello. Esto hace que la preocupación por la comida de la anoréxica sea extraña y frenética.

En algunos casos, la sensación de hambre es demasiado poderosa y el sujeto come, a veces, cantidades prodigiosas, a pesar del deseo urgente de mantenerse delgado, pero después vomita invariablemente. Al principio se dará atracones ocasionales de los que se siente culpable, pero después acabará desarrollando una rutina definitiva. La regla es que al hecho de comer en demasía le sigue el vómito; toda la conducta dependerá de la oportunidad de vomitar, casi siempre en secreto. Sólo conozco el caso de una chica que lo hacía abiertamente en casa, y a esto le seguía una pelea bastante violenta. Finalmente, su padre la amenazó con retirar todas las puertas de los lavabos de la casa para evitar que lo hiciera. Cuando no hay oportunidad de vomitar, como en vacaciones o cuando se reciben visitas de amigos, siguen con la rutina de no comer.

Al principio, los que se convierten en adictos a los atracones creen que vomitar constituye la solución perfecta. Se pueden entregar al deseo de la comida, comer tanto como les plazca y seguir perdiendo peso. De hecho, en algunos la disminución en el peso es más rápida que en aquellos que simplemente no comen. Pero a medida que el tiempo pasa, el orgullo de haber timado a la naturaleza conduce a un sentimiento de estar en manos de un poder demoníaco que controla sus vidas. Atiborrarse de comida ya no satisface el hambre, sino que se convierte en una compulsión terrible. Una vez establecido el ciclo comer-vomitar, es muy difícil interrumpirlo. Las que se dan atracones son las candidatas más difíciles para la terapia. Toda la enfermedad se basa en asunciones erróneas y la terapia pretende corregir esos errores psicológicos subyacentes. Los atracones añaden un componente de engaño deliberado. Las personas que han sucumbido a ellos tienden a evitar enfrentarse a los problemas en las sesiones terapéuticas. Cerca del 25 % de las jóvenes anoréxicas pasa por el síndrome de los atracones y muchas se quedan atrapadas en él. Siempre que experimentan ansiedad o tensión, corren a por el consuelo de la comida y evitan explorar problemas más profundos.

Gran parte de la confusión acerca del trasfondo de la anorexia tiene que ver con que se ha prestado poca atención al hecho del efecto dramático que tiene el hambre en el funcionamiento psicológico de la persona. La conducta durante el estado agudo de inanición o de hambre crónico revela poco, si es que revela algo, acerca de los factores psicológicos subyacentes. Lo que podemos observar durante la extrema delgadez refleja las consecuencias psíquicas y físicas del hambre. En esas situaciones, los pacientes no sólo no quieren hablar de lo que sienten, sino que tampoco son capaces de hacerlo porque se hallan en un estado casi tóxico. La información con sentido sólo se puede recabar después de que la nutrición haya mejorado y cuando el tratamiento esté avanzado.

Se han observado también diferencias muy marcadas en la intensidad de los cambios psicológicos producidos por el hambre, dependiendo del tipo de personalidad preenferma, los efectos perniciosos del aislamiento creciente y la gravedad de la inanición. Aunque las anoréxicas no son amigas de dar información directa de su experiencia, he llegado a la conclusión de que el efecto en el funcionamiento psicológico de la ingesta de comida insuficiente es responsable, en gran medida, del interminable curso de la enfermedad, sosteniéndolo y haciendo difíciles, si no imposibles, el reconocimiento y la resolución de algunas de las cuestiones psicológicas.

Toda la conducta puede estar tan alterada que limite con la desorganización psicótica. Para dar un ejemplo: Elsa tenía 19 años cuando acudió a la consulta y había estado enferma durante dos años. Medía 1,66 m y su peso había bajado de 53 a 35 kg. Había sido hospitalizada dos veces y tratada con terapia de modificación de conducta (un método que recompensa cuando se gana peso y que castiga cuando se pierde), lo que produjo un aumento rápido de peso; después de la segunda hospitalización intentó suicidarse. Cuando, poco después, acudió a mi consulta, sólo pesaba 31 kg. Admitía que estaba delgada, pero consideraba que el poco peso era el menor de sus problemas. Estaba desesperada porque sus «pensamientos de alimentación» eran obsesivos y aparecían en «todas formas, clases y tamaños». «A veces oigo voces o siento cosas en mi cabeza y, a veces, tengo imágenes mentales que me dan miedo.» Las voces parecían estar en conflicto: algunas le decían «come, come, come» y otras «no comas, no comas, no comas». Esos pensamientos sobre la alimentación llenaban su mente hasta el punto de que ahogaban sus antiguos intereses (tenía cualidades artísticas y le gustaba escribir). Pero incluso era más terrorífico el miedo continuo a «no ser humana», a «dejar de existir». En ocasiones se sentía «llena de mi madre —como si estuviese en mí—, incluso cuando no estaba allí».

Elsa hablaba acerca de esas sensaciones con una voz monótona y rápida. Explicaba su estado mental como si la dieta hubiese tomado control de sí misma; tenía una hiperactividad tremenda. Estaba atemorizada porque en ella el concepto de futuro era un gran espacio en blanco. Aceptaba la explicación de que muchas de sus experiencias aterradoras eran el resultado de su estado de inanición. Cuando estaba en el hospital o en cualquier servicio médico, cooperaba con el programa de realimentación y su peso aumentaba hasta 43 kg, con una marcada mejoría en su apariencia y conducta. Era una chica especialmente guapa y aceptaba que 49 kg era su peso ideal. Sus cambios de actitud psicológica eran especialmente sorprendentes. El pensamiento disociado, el miedo a la no existencia, el sentimiento de estar literalmente entrelazada con su madre desaparecían por completo sólo con la realimentación, sin el uso de psicotrópicos (aunque sí seguía una psicoterapia de manera regular). Después de unas sesiones en nuestra consulta, ya se sentía mejor, pero sabía que sus problemas psicológicos básicos no se habían resuelto, sino que sólo los habíamos tratado por encima.

Incluso después de ese período, encontraba difícil describir lo que había pasado. Recordaba perfectamente que el sentido del tiempo y de la realidad había desaparecido. Ahora que el terror se había ido, estaba preparada para tratar los problemas que habían hecho de su vida algo tan insatisfactorio. La mayoría de las anoréxicas no suele querer hablar de los cambios mentales que le acarrea su enfermedad. Algunas piensan que éstos prueban que su carácter es especial, que su mundo es gloriosamente vívido o que todos sus sentidos están más agudizados. La mayoría sólo habla de su experiencia de hambre en retrospectiva, cuando ya no están preocupadas por mantener su peso en un nivel tan peligrosamente bajo.

Fanny se convirtió en anoréxica a la edad de 15 años y acudió a la consulta cuando tenía 18. Su familia había vivido hasta entonces en el extranjero, donde no disponían de posibilidad de tratamiento. Había acabado el bachillerato y acudió a verme justo al empezar la universidad. Pesaba menos de 32 kg y medía 1,60 m. Hablaba con cierto secretismo y de una manera condescendiente acerca de la superioridad de su estado actual. Decía que disfrutaba estando hambrienta y que, por lo tanto, tenía ventaja sobre los mortales ordinarios.

Ganó peso poco a poco, pero sin interrupción, aunque con protestas violentas y declaraciones acerca de que se sentía inferior por dar su brazo a torcer. Gradualmente, a medida que su autoestima aumentaba, iba aceptando su cuerpo y la necesidad de comer sin ansiedad. Cuando alcanzó los 45 kg, algo que había dicho que nunca toleraría, ya se sentía a gusto con su apariencia y su peso. A partir de entonces empezó a hablar libremente de sus experiencias psíquicas interiores durante la fase de inanición. Las sacó a la luz un día en que estaba enfadada porque su compañera de cuarto había iniciado una dieta muy estricta. Fanny temía que pudiera caer en una anorexia nerviosa. «Sé exactamente cómo se siente. Veo su cara compungida cuando dice que no tiene hambre, que no necesita comer. Sé por lo que está pasando. Veo cómo pasa horas y horas esforzándose. Sé que no se puede concentrar; lo intenta con fuerza, pero no puede. No puede dejar de pensar en la comida y eso hace que tarde muchísimo en acabar cualquier tarea. Yo lo he sufrido en mis propias carnes.»

Después de esto, empezó a hablar libremente de su sufrimiento durante los años de inanición, de cómo los cambios psicológicos se habían producido en fases y por grados. «Es como si a una le fuesen envenenando poco a poco, como estar bajo la influencia crónica del alcohol o la droga.» La pérdida del sentido del tiempo es impresionante. El tiempo se acelera terriblemente, aunque los días son inacabables. «Lo único que sabía era que era de día o de noche. Cuando me llevaban en coche a la escuela conseguía cierta estructuración —al ir y venir de la escuela—. Una se encuentra en un constante aturdimiento, siente como si no estuviera allí. Llegó un momento en que dudaba de la gente que me rodeaba, no estaba segura de que yo existiera en realidad. No me podía comunicar con la gente. Tampoco había nada de que hablar, tenía ese constante sentimiento de que no me iban a entender de ninguna manera.»

Fanny se empezó a concentrar más y más en sus experiencias interiores. Sentía un gusto especial en las intensas sensaciones que parecían probar que andaba por el buen camino. Su hipersensibilidad al sonido hacía que discutiese constantemente con su hermano porque ponía los discos muy alto. Sentía que la gente le hablaba a gritos. Su hipersensibilidad a la luz era tan intensa que le obligaba a llevar gafas de sol todo el tiempo, incluso dentro de casa. «Cuanto más peso perdía, más me convencía de que estaba haciendo lo correcto. Quería que me alabaran por ser especial. Quería que me tuviesen un respeto reverencial por lo que estaba haciendo.» Se ponía furiosa cuando la gente intentaba hacer que comiera y se sentía culpable cuando daba su brazo a torcer y comía porque se alejaba de sus objetivos especiales. Ahora que se encuentra a gusto consigo misma, no puede entender cómo podía estar convencida de que el hambre le podía conducir a alguna forma de purificación. «Una de las trampas era que podía convencerme a mí misma de cualquier cosa.»

Por el contacto con otras anoréxicas había aprendido que todas esperan «algo especial» como recompensa por sus esfuerzos, siempre algo sobrehumano. Ahora se da cuenta de cuán irreal era intentar conseguir algo de esa manera. «Es como buscar el Jardín del Edén, sólo que no hay nada al final del camino. No tiene ningún mérito pasar hambre y no se puede cambiar la vida de esa manera.» Durante el período de inanición, la paciente expresó muy pocos de esos sentimientos, aunque podíamos reconocerlos detrás de su irritabilidad defensiva. Muchas chicas responden muy mal cuando se intenta restaurar su salud nutricional: «Usted lo estropea todo» o «Casi consigo probarlo (que soy superior)».

Cuando Gertrude tenía 17 años se consiguió que ganase peso con terapia de modificación de conducta, pero protestó vehementemente. «Me sentía desgraciada con mi nuevo cuerpo de gorda. Quería eliminar ese peso tan molesto en cuanto pudiese. No podía pensar en nada más; mi vida, mi propósito vital estaba hecho trizas.» Mucho más tarde, cuando por fin empezó a sentirse cómoda con su nuevo peso, habló del horror del período de inanición. «Es como forzarse a una misma a hacer algo antinatural. Durante la inanición me impuse un régimen increíble, pero conseguí llevarlo a cabo porque me lo había impuesto.» Ésta fue una afirmación de especial valor porque Gertrude fue una de las chicas más violentas que me he encontrado a la hora de defender su derecho a tener el peso que quería; nadie en el mundo podía prescribirle un peso «correcto».

Cuando su peso alcanzó los 41 kg empezó a preocuparse por estar ganando demasiado peso; también quería abandonar la glotonería compulsiva y los vómitos que dominaban su vida por aquel entonces. Un nutricionista le ayudó a calcular una dieta sana que le ayudaría a prevenir ganar demasiado peso. Para asegurarse de que iba a ser así, dividió la dieta por la mitad y no tardó en perder peso. Cuando alcanzó los 38 kg empezó a alarmarse por los cambios psicológicos que estaba experimentando. La hipersensibilidad de los sentidos le hacía daño y un continuo estado de tensión le impedía concentrarse. No podía ni relacionarse socialmente. Admitió incluso que su pensamiento se había vuelto desorganizado al bajar de determinado umbral.

Cuando, tiempo después, la paciente hablaba sobre el sufrimiento de la inanición, le recordé que ella siempre había defendido que no era en modo alguno desagradable. Se explicó así: «Ya me acuerdo de lo que decía y de cómo me sentía entonces. Realmente no mentía, porque quería pasar hambre, pero sí que recuerdo haberlo pasado mal. Me acuerdo de lo que *pensaba* y de lo que *sentía*. Yo pensaba que era maravilloso, que me estaba modelando para alcanzar una imagen ascética pura y me decía a mí misma que no estaba hambrienta; pero lo que sentía era muy diferente». Describía lo terriblemente débil y mareada que se sentía cuando caminaba y cómo luchaba para mantenerse activa, «pero en aquella época no me daba cuenta ni de lo que sentía». Parecía haber disociado sentimientos y pensamientos o simplemente no respondía a los primeros.

«Supongo que disfrutaba de lo que hacía porque era lo que quería. Recuerdo que estaba realmente débil en mis clases de baile: nada más empezar ya estaba exhausta. También me sentía cansada cuando corría a casa, pero aun así iba corriendo a todas partes. Tenía tanta hambre que no podía concentrarme en nada. No recuerdo ninguno de los libros que leí cuando estaba hambrienta ni las películas que vi en esa época. Mi mente no estaba concentrada en esa clase de cosas. Sólo podía pensar en comida. Ahora no pienso en ello hasta un instante antes de ponerme a la mesa. Tengo una corriente de pensamiento fluida y continua. Pienso en mí misma, en gente, en ideas, en lo que he leído o en lo que planeo hacer. En esa época, todo en lo que pensaba era en comida y estaba tan hambrienta y cansada...»

A la edad de 15 años, en una de las caídas de peso importantes que tuvo, Gertrude experimentó un curioso cambio en su capacidad para pensar:

Mis procesos de pensamiento se hicieron muy irreales. Sentía que tenía que hacer algo que no quería hacer, pero que respondía a un propósito *más elevado*. Esa obligación tomó las riendas de mi vida. Ahí se desbarató todo. Creé una nueva imagen de mí misma y me disciplíné para llevar un nuevo tipo de vida. Mi cuerpo se convirtió en el símbolo visual del ascetismo y del esteticismo puro. Era intocable en términos de crítica. Todo se convirtió en muy intenso e intelectual y absolutamente intocable. Si una persona no come y está despierta durante toda la noche voluntariamente, no puede admitir que está triste o hambrienta. Estar hambrienta tiene el mismo efecto que una droga. Una se siente fuera de su cuerpo. Una se halla fuera de sí y entonces se puede sobrellevar el dolor sin reaccionar. Eso es lo que hacía con el hambre. Sabía que estaba ahí, puedo recordarlo y traerlo a la conciencia, pero en esa época no sentía dolor. Era como estar autohipnotizada. Durante un largo tiempo no pude hablar de ello porque tenía miedo de que me lo quitaran.

Gertrude ha leído bastante sobre malnutrición y sabe que las experiencias visionarias de la gente durante el medievo solían tener relación con la malnutrición. No tenía visiones, sino que «todo resultaba insoportablemente vívido». Cuando negaba que tenía hambre, no se lo inventaba; se trataba de una operación inconsciente. «Yo defendía violentamente lo que hacía, pero estaba verdaderamente triste. Ahora me da tanto miedo que pienso en ello con horror físico. En mi memoria está la experiencia de haber pasado el dolor del hambre; ahora no puedo concebir el hecho de volver a hacer una cosa así.» Todos las pacientes con las que he trabajado y que han llegado a aceptar su cuerpo de forma natural, que han visto que su problema debía ser resuelto de una manera racional, no a través de la inanición, hablan con horror y angustia del sufrimiento del hambre. No podemos considerar a ninguna paciente anoréxica fuera de peligro hasta que no ha reconocido ese terror al hambre y su incapacidad de repetir un acto como el que llevó a cabo.

El conocimiento del efecto directo del hambre sobre la función psíquica nos ha permitido dar un paso más en el entendimiento de cómo unas jóvenes bien adaptadas pueden transformarse en unas «criaturas ajadas y envejecidas de cuerpos esqueléticos» (para usar la autodescripción de una paciente) en un período de tiempo tan corto. Cuando empiezan sus dietas, no parece que hagan nada diferente de lo que hacen otras miles de mujeres a su alrededor. ¿Qué es lo que hace que lleven su obsesión a ese punto? Ninguna de las pacientes que yo he tratado intentaba introducirse en esa espeluznante carrera hacia la muerte y sacrificar los años de juventud en pos de un objetivo tan extraño. Esperaban que, siendo un poco más delgadas, mejorarían no sólo su apariencia, sino también su estilo de vida. Parece que la *manera* en la que se experimenta el hambre explica la diferencia entre una dieta fiel a lo que pretende conseguir, es decir, perder esos kilos de más, y la que se convierte en una fuerza compulsiva que llega a dominar la vida de una persona. El hecho de que sean capaces de tolerar la sensación de hambre (y, por lo tanto, de conseguir el milagro de perder peso rápidamente) parece inducirles a seguir adelante. Entonces aparece la sensación de orgullo y superioridad por haber perdido peso y, después, el miedo a recuperarlo. Para permanecer seguras, sienten que tienen que perder más y, en poco tiempo, quedan atrapadas en un pozo sin fondo.

A continuación voy a utilizar las palabras de Helga, una paciente que, al principio, tras perder más peso del que planeaba, se alarmó, pero pronto entró en la dinámica anoréxica y empezó a disfrutarlo. «Aprendí el truco de permitirme disfrutar tremendamente de la comida. Comía sólo la comida que me gustaba mucho y únicamente pequeñas cantidades. No rechazaba comer; sólo rechazaba engordar.» Tras chupar un poco un caramelo afirmaba estar llena porque quería sentirse llena. Después se convirtió en algo que no podía parar. «Es como si hubiese creado un robot y luego no lo pudiese controlar. Llega un punto en que realmente te sientes llena con nada. Y después te atormentas y te sientes culpable por haber comido cualquier cosa. Te pones tensa y eres infeliz. Toda espontaneidad y disfrute desaparece de tu vida. Te sientes como un negrero conduciéndote a ti misma a golpe de látigo.» Y, sin embargo, todos los esfuerzos por animarlas a comer más son interpretados como una interferencia en sus objetivos más profundos.

Es sorprendente que la influencia del hambre en la función psíquica de las personas se haya pasado por alto hasta ahora. Ha habido bastante controversia acerca de la categoría psicológica en la que se debe clasificar la anorexia nerviosa. En el pasado, todos los casos de pérdida de peso grave eran clasificados juntos. Ahora, aunque se reconoce que la anorexia nerviosa es un síndrome diferenciado, se debate todavía sobre la gravedad de la enfermedad psiquiátrica subyacente. En mi opinión, parte de esta confusión se debe al hecho de que todavía no se han tenido en cuenta los efectos psíquicos de la inanición. Para añadirle complejidad al asunto, diremos que las diferencias individuales dependen del nivel de deterioro que ha provocado la malnutrición. Muchos de los síntomas más alarmantes —división del ego, despersonalización, defectos serios en el ego— están directamente relacionados con la inanición. La evaluación psiquiátrica sólo es posible después de haber corregido los peores efectos de la malnutrición. Más aún, si la inanición persiste durante muchos años, el cuadro general se puede convertir en algo muy parecido al síndrome *borderline* o incluso a la esquizofrenia.

Aun así, la experiencia del hambre no es suficiente para explicar el desarrollo de la anorexia nerviosa. La mayoría de la gente hace algo para evitar el dolor provocado por el hambre. Las anoréxicas se enganchan en un proceso patológico porque, de alguna extraña manera, éste satisface su urgente deseo de ser especiales y de destacar. No se trata de una enfermedad que simplemente le suceda a una chica; se requiere que ésta sea una participante muy activa en el proceso. Para entender esto, se deben tener en cuenta las alteraciones personales y las deficiencias de desarrollo que preceden a la enfermedad.

2

El gorrión en la jaula

Cuando Ida volvió a casa por vacaciones después de terminar el primer año en la universidad, su estado de salud era considerablemente mejor que cuando acudió a mi consulta el año anterior. Entonces su peso había aumentado de 31 a 41 kg, aún por debajo de su peso normal. Le gustaba estar en casa, pero echaba de menos el alboroto que habían armado por su causa en el pasado, cuando todo el mundo se preocupaba por su salud y la trataba como «la octava maravilla»; ahora no le prestaban demasiada atención. Durante los primeros días sentía que no pertenecía a esa casa, que no contribuía en nada. Empezó a preocuparse de nuevo por su peso; se sentía pesada y empezaba a recuperar ese antiguo sentimiento de odiarse a sí misma. Una tarde, mientras paseaba por la playa con el sol a su espalda, vio claro que sólo se sentiría feliz si lograba ser como una sombra alargada. Se sentía tan desdichada por no parecer delgada que empezó a llorar y a recordar su vida anterior, cómo había transcurrido.

Incluso de niña, Ida nunca se consideró merecedora de todos los privilegios y beneficios que su familia le ofrecía porque no era lo suficientemente brillante. Una imagen le vino a la mente: era como un gorrión en una jaula dorada, demasiado

49

sencilla para los lujos de su hogar y, al mismo tiempo, privada de hacer lo que realmente quería. Hasta entonces, sólo había hablado de las ventajas de pertenecer a una familia adinerada; ahora empezaba a saber cuáles eran las desventajas, las restricciones y obligaciones de crecer en ese ambiente. Prosiguió con esa imagen: decía que las jaulas están hechas para pájaros llenos de color que muestran satisfechos su bello plumaje. Se sentía diferente, como un gorrión, discreto y lleno de energía, que quiere volar por su cuenta y no está hecho para la jaula.

Muchas anoréxicas se expresan de manera similar, incluso con las mismas imágenes. Sus vidas han sido auténticas pesadillas al intentar satisfacer las expectativas de su familia, siempre con el temor de que no son suficientemente brillantes en comparación con los demás y, por lo tanto, que son unos fracasos totales. Esta dramática insatisfacción es el problema fundamental de la anorexia nerviosa, el precedente de la dieta y la pérdida de peso. La angustia y el descontento subyacente contrastan con el hecho de que esas chicas vienen de familias que dan una buena impresión. Tienen todo lo que una chica necesita para su bienestar físico e intelectual. Sus padres describen sus matrimonios como estables; pocas anoréxicas proceden de hogares rotos. En los últimos cincuenta casos que he observado, sólo había dos divorcios anteriores a la aparición de la enfermedad y una pareja que refería dificultades maritales. En una familia, la madre había muerto años antes de la anorexia de su hija y, en otra, el fallecido era el padre (ambas, la hija y la madre, hablaban en términos idealizados de la felicidad anterior al deceso).

La mayoría de las anoréxicas procede de familias de clase media-alta y alta; es habitual que tengan una posición económica y social destacada. Los relativamente pocos hogares de clase media-baja o baja pretendían ascender en el escalafón social y progresar hacia ambientes más altos. La hija anoréxica de un oficinista de correos tenía dos hermanos mayores —uno era médico y el otro abogado— y los dos sentían que debían su éxito al apoyo de su madre. Otra chica, hija de un operario de una fábrica, no tenía hermanos y todos los parientes contribuían de alguna manera para darle una carrera especial.

Casi todas las familias que he tratado están compuestas de pocos miembros; en mis últimos cincuenta casos, la media de hijos era de 2,8. La edad de los padres en el momento del nacimiento del hijo anoréxico era bastante alta: 38 años de media para el padre (el de más edad, 54) y 32 para la madre (la de más edad, 43). Los pocos hijos únicos tenían padres que se casaron tarde y que tuvieron a su hijo bastante mayores. Las relaciones sexuales habían disminuido mucho o cesado completamente.

Una característica común a todas esas familias era la escasez de hijos varones. Más de dos tercios de las mismas sólo tenían hijas. La mayoría negaba que eso hubiese sido un problema, aunque en un caso la madre había sufrido una depresión al dar a luz a la cuarta hija y no ser capaz de concebir a un hijo, hasta el punto de que el padre fue el encargado forzoso de criar a la niña; la educó con la precisión típica de su profesión como ingeniero eléctrico. En otro caso, la paciente estaba convencida de que a su padre no le había importado no tener un hijo varón, que estaba orgulloso de sus hijas, a las que trataba intelectualmente como a hijos, y que estaba muy orgulloso de cómo lanzaban la pelota «correctamente» (entiéndase, como un chico). Las anoréxicas que tienen hermanos suelen ser las últimas de la saga, a veces con dos o tres hermanos mayores; durante su niñez tratan de estar a la altura de los juegos de los mayores. Otras chicas anoréxicas eran mucho mayores que un hermanito nacido tardíamente. Es significativo que los padres valoren a sus hijas por sus aptitudes intelectuales y sus logros deportivos; rara vez prestan atención a su apariencia a medida que se hacen mujercitas, aunque criticarán que se pongan regordetas.

La cuestión es: ¿qué es lo que va mal en estas aparentemente bien adaptadas familias para que las chicas crezcan con un déficit de autoestima que las incapacite para disfrutar de la la adolescencia y la edad adulta? Una característica común es que esas chicas creen que deben probar algo a sus padres, que su tarea es hacerlos sentir bien, triunfadores y superiores. El éxito de sus padres, su espléndido estilo de vida y todas las ventajas culturales y materiales son, para los niños, obligaciones excesivas. Ida, la de la jaula dorada, al hablar de las obligaciones que comporta crecer en una familia acomodada, nos decía: «Si naces hijo de un rey, estás condenado a ser muy especial: tú también tienes que convertirte en rey». La paciente hablaba de la angustia de tener que soportar privilegios: «Si te dan mucho, se esperará mucho de ti».

La información que tenemos acerca del cuidado temprano de esas jóvenes revela que sus madres les prestaron las atenciones necesarias. Éstas piensan que lo hicieron bien y que los chicos crecieron correctamente bajo sus cuidados. Sólo en pocos casos cuidaron de ellas niñeras o institutrices. En contraste con otros muchos trastornos o incluso con la norma general, estos padres son eficientes y están seguros de sí mismos. Nos suelen destacar lo bien que lo hicieron todo con respecto a la educación de sus hijos, siempre mejor que sus amigos y vecinos. Hasta que la niña se puso enferma, iba muy bien en la escuela, nunca dio ningún problema y, por lo tanto, era una prueba viviente de la eficacia del método educativo de sus padres. Se puede decir que éstos son buenos, devotos y ambiciosos. Por razones personales sutiles, este niño en particular fue sobrevalorado y sintió que debía dar mucho para devolver los favores recibidos.

Las madres habían sido, en muchos casos, mujeres trabajadoras que habían sacrificado sus aspiraciones por el bien de la familia. A pesar de tener una inteligencia y una educación superiores, prácticamente todas renunciaron a sus carreras cuando se casaron. Luego, varias madres expresaron su insatisfacción por haberlo hecho y ahora, en los inicios de la cuarentena, pensaban estudiar para reiniciar sus carreras independientes. Se someten a sus maridos en muchos detalles, aunque no los respetan totalmente. Los padres, a pesar del éxito social y financiero, a veces considerable, se sienten «segundones». Están enormemente preocupados por el aspecto físico, admiran la belleza y el hecho de estar en forma y esperan que sus chicos se porten de manera adecuada y alcancen el éxito. Esta descripción se aplica a muchas familias de clase media que aspiran a progresar, pero pensemos que estos rasgos están exagerados en las familias de las anoréxicas. A pesar del énfasis que todos ponen en la normalidad y felicidad de la familia, es evidente que en ésta se manifiesta una clara tensión.

Para poner un ejemplo: Alma, mencionada en el capítulo anterior, tenía unos padres muy devotos de sus hijos, siempre a punto para darles lo que necesitasen. Su padre era un hombre de negocios exitoso que tenía un papel destacado en la vida financiera y política de una ciudad del Medio Oeste y su madre organizaba muchas actividades sociales. Sin embargo, ambos se sentían, de alguna manera, derrotados; el padre había querido seguir una carrera profesional a la que, por determinadas circunstancias, tuvo que renunciar. La madre sentía que había sacrificado su sueño de dedicarse al teatro. Ambos estaban orgullosos de haber podido ofrecer a sus hijos las mejores oportunidades educativas. La hija mayor no destacaba especialmente y hasta el momento su conducta y sus logros les parecían decepcionantes. De Alma, sin embargo, todos esperaban grandes cosas, pues iba muy bien en los estudios y destacaba en los deportes y en las artes. La chica respondía a todos esos retos hasta que ya no pudo más. Su respuesta fue establecer un control excesivo sobre su cuerpo junto con una conducta negativa y agresiva. Estaba claro que quería escapar de una situación abrumadora.

Muchas veces son las propias madres las que están preocupadas por el peso y las dietas. Algunas de ellas están obsesionadas con algún defecto en sus cuerpos. La madre de Gertrude, que tenía casi 40 años cuando dio a luz, tenía una preocupación creciente por sus tejidos, que ya no se mantenían firmes y tersos como antaño. Siguió todos los remedios que se anunciaban y pedía a su hija, de los 12 a los 14 años, que le inspeccionase los muslos y las nalgas para evaluar los efectos de las curas que se aplicaba. En otras familias, son los padres quienes están obsesionados con la dieta, incluso en términos dictatoriales. El padre de Jill, de 72 años, nos explicó con orgullo que su peso era el mismo que cuando acabó la universidad y que se pesaba todas las mañanas; cuando se producía el menor incremento, ajustaba la dieta. Cuando Jill engordó, en su adolescencia temprana, el padre la persuadió para que perdiese algunos kilos. El problema es que la jovencita siguió con la dieta hasta entrar en el desierto de la inanición.

Karla también recordaba que su padre, ya fallecido, era extremadamente cuidadoso con la dieta. En casa los aperitivos estaban absolutamente prohibidos. Sólo se comía a la hora de las comidas y estaba estrictamente prohibido hacerlo fuera de horas. Ella expresaba una mezcla de sentimientos acerca de su pérdida de peso: lo había hecho en un intento por complacer a su padre muerto, pero al mismo tiempo sentía que la realidad le había superado, que ahora, si su padre estuviese vivo, no podría hacerle comer.

Los padres siempre dicen con orgullo que han dado a sus hijos un hogar armonioso y feliz. Pero puede que la hija anoréxica no haya experimentado lo mismo. Puede que ella sea la única que se haya dado cuenta de la presión a la que están sometidos. Ella se siente responsable de compensar lo que falta en la relación de sus padres.

Un buen ejemplo de ello es la historia de Laura, la segunda hija de una familia de éxito de un Estado del noroeste. La hija mayor siempre había sido considerada emocionalmente inestable y un poco problemática. También había una hermana menor que, sin hacer demasiado ruido, se dedicaba a sus asuntos. Laura había vivido siempre como la «sombra» de su hermana mayor, imitándola en todo lo posible, excepto en lo problemático. La hermana había sido muchas veces agresiva y cruel con respecto a Laura. Hasta cierto punto, la madre se daba cuenta de ello, pero no interfería porque temía los accesos de ira de la hermana mayor. Laura decidió estudiar el último año de la escuela secundaria en Francia. Allí fue intensamente infeliz y volvió a casa antes de acabar el curso. Había perdido mucho peso y seguía perdiéndolo. Hasta entonces, siempre había estado muy unida a su madre. En contraste con las demandas de la hermana mayor, siempre intentó ser «un apoyo» para su madre. Ahora se irritaba con algunas de sus manías, con su indecisión, con su dificultad para ser puntual. Aunque también le criticaba, seguía admirando a su padre, a quien consideraba el hombre «más perfecto» que había conocido.

El padre era un financiero destacado, dueño de varias empresas, promotor de diversas actividades culturales en su ciudad. De alguna manera, se había adaptado a la situación de ser el único hombre en una familia con cuatro mujeres y buscaba satisfacciones fuera de casa. A pesar de su admiración por él, Laura sentía que su padre se mostraba emocionalmente distante. Por otro lado, se trataba de una persona que nunca criticaba; al contrario, siempre halagaba y animaba a su hija. Pero Laura sentía que eso no significaba nada, que su padre nunca había mostrado sus auténticos sentimientos. Simplemente, hacía el papel de padre. Estaba ansiosa porque nunca sabía lo que aquél realmente sentía. A medida que la anorexia aumentaba, empezó a manifestar preocupación por la relación marital de sus padres. Sentía que su madre mantenía una aparente armonía familiar y procuraba obedecer siempre a su marido. Ahora Laura se impacientaba con su madre porque veía en ella lo que creía que iba a ser su futuro: convertirse en nada, en una mujer devota a su marido, a sus hijos, pero sin vida propia.

Hay muchas otras chicas que expresan el sentimiento de tener una responsabilidad especial con respecto a su madre; en ocasiones, lo admiten abiertamente y otras veces está implícito en lo que dicen. Para Mabel, siempre ha sido una regla fundamental tener consideración hacia su madre. En cualquier plan que surgiese, su primer interés era: «¿Qué dirá mamá?». Cuando tenía 14 años, una universidad cercana ofrecía un curso de matemáticas para alumnas superdotadas. Ella se moría por asistir, pero decidió no hacerlo porque tenía miedo de que su madre, que se dedicaba más al arte, se sintiese rechazada o estúpida en comparación con su hija. La madre ya había expresado de manera sutil que consideraba las ciencias menos creativas que las artes y había aconsejado a su hija no dedicarse a las matemáticas o las ciencias.

Este excesivo interés por los sentimientos de los padres convenció a Mabel de que no tenía el derecho de expresar sus propios sentimientos o de actuar de acuerdo con ellos. Cuando tenía 9 años, fue enviada a un campo en los Alpes franceses para que pasase un verano sano en las montañas y aprendiese francés. Al volver a casa, Mabel parecía triste y tenía un aspecto poco sano, pero contó a sus padres que había pasado una temporada fantástica. Al año siguiente, previendo los planes de sus padres, pidió ir de nuevo a Francia, aunque se temía otro verano triste; sentía que su deber era no decepcionar a sus padres. Estaba segura de que sentirían que había hecho algo mal si les contaba lo infeliz que había sido y tenía que evitarlo como fuera.

En sus años de universidad, Mabel estudió psicología. Un día, muy excitada, acudió a mi consulta porque había encontrado en uno de sus libros de texto una descripción exacta de su madre. Se refería a unos estudios sobre esquizofrenia en los que se describe la conducta egoísta de la madre, que educa a sus hijos de manera que se satisfagan *sus* necesidades y deseos. Mabel me explicó que su familia se había organizado de acuerdo con lo que su madre deseaba, de acuerdo con los gustos, intereses y preferencias de *sus* amigos. Su padre también estaba sujeto a esta dictadura, pero él podía escapar gracias a todos sus negocios y ocupaciones, mientras que ella había estado ligada a su madre y había sido moldeada según sus deseos, ambiciones y sueños. Darse cuenta de ello le ayudó a entender por qué recaía cada vez que iba a visitar a su familia; a pesar de todo el progreso que hacía, su madre no escatimaba las críticas dando a entender que su hija no se había desarrollado de la manera correcta. Sobre todo criticaba a sus amigos, la mayoría de los cuales no conocía, pero estaba segura de que no eran del tipo adecuado. Su padre tenía grandes ambiciones

...ıra ella y, como su mujer, era crítico con sus amigos, aunque de una manera sarcástica.

Cuando los vemos por primera vez, tanto padres como pacientes tienden a darnos una visión ideal de cómo es su familia. Según ellos, la anorexia es el único problema de una vida que, de no ser por ello, sería perfecta. A veces se niegan a ver determinados hechos, pero, en otras ocasiones, lo que sucede es que no quieren ser críticos con otro miembro de la familia. También puede existir una expresión de conformismo: lo que los padres decían siempre estaba bien y ellos (los pacientes) eran los únicos que fallaban. Nancy había perdido una cantidad de peso enorme antes de graduarse en la escuela secundaria. Pertenecía a una de las pocas familias de padres divorciados y había vivido con su madre desde que tenía 3 años. Aunque la apariencia cadavérica de Nancy era la prueba más fehaciente de que algo iba mal, su descripción hacía que todo pareciese perfecto, especialmente la relación con su madre, de quien decía: «Estoy muy contenta con mi madre». El único problema entre ellas lo causó su enfermedad. «Ella intenta ser paciente, pero es duro ver lo que me estoy haciendo. Se enfada y se cansa mucho.» Eso le hacía sentirse culpable; también se sentía responsable de que su madre trabajase tanto para darle los privilegios que tenía. Cuando se le preguntó acerca de sus expresiones de rabia, respondió con amargura: «¡Yo nunca puedo! Mi madre no lo permitiría. No me permite responder ni nada parecido». Después se quedó en silencio como si hubiese revelado un secreto olvidado.

En todas las familias a las que traté se había cuidado mucho que las chicas tuviesen unas maneras educadas y los padres estaban muy orgullosos de que sus hijas no hubiesen presentado la mala conducta típica de los niños, como responder o enrabiarse. De hecho, la norma era la no expresión de los sentimientos, en especial de los negativos, hasta que la enfermedad se manifestaba. Entonces la bondad anterior se transformaba en un negativismo indiscriminado. Muchas pacientes, no obstante, continúan sin expresar sus sentimientos tras iniciarse la enfermedad. Una actitud de «esto no se hace» o «no se dice» prevalece sobre todas sus expresiones. Sienten una gran preocupación por la imagen que dan y lo que se piensa de ellas. Esto es aplicable tanto a las pacientes como a las familias.

Muchas de esas jóvenes están preocupadas por la cuestión de qué piensan o sienten sus padres verdaderamente, pero evitan reconocer que tienen un problema. Todo lo que Olga decía sobre su familia eran parabienes: básicamente, que le había ofrecido lo mejor, aunque ella no se lo merecía. Su niñez había sido un continuo esfuerzo por complacer a sus padres. No recordaba haber sido castigada, pero vivía en un continuo miedo al castigo porque nunca supo lo que sus padres pensaban detrás de su fachada de aprobación. Entre ellos no había peleas, pero Olga estaba constantemente preocupada por lo que sentían, en particular su padre, quien nunca expresaba sus emociones; ella sabía que eso también había extrañado a los hijos mayores. La solución de Olga era ser más perfecta de lo que ningún hijo podía ser, ocultando cualquier signo de rabia o rebeldía. Se construyó una fantasía muy irreal de lo que debía ser su vida y estaba preocupada por lo que la gente pensara de ella. Sus padres eran cariñosos y se habían entregado a las necesidades de su hija pequeña. Estaban extrañados de la falta de iniciativa propia de su hija, pero no se daban cuenta de su sumisión incondicional.

Las apariencias y la buena conducta no son las únicas áreas en las que se espera que estas jóvenes destaquen. Se pone mucho énfasis en el éxito académico: se las manda a las mejores cuelas y se les da toda clase de información cultural. Se las lleva a conciertos y museos a una edad temprana, se las incluye, hasta cierto punto, en las actividades sociales de los padres y muchas viajan al extranjero. Los padres se enorgullecen de los logros de sus hijos. Una de esas chicas, al rellenar la solicitud de admisión a la universidad, ocupó una página entera para listar los premios que había recibido en su etapa escolar: todo tipo de méritos, sociales, atléticos o artísticos, cuyo objetivo era satisfacer a su padre. Otra recordaba con dolor cómo su padre se metía con ella en broma, sarcásticamente, por no traer a casa tantos premios como su hermano mayor.

A Karla se le había quedado grabado un recuerdo de la infancia. El padre nunca se había hecho cargo de la educación de sus hijos, aunque normalmente expresaba cierto interés benevolente en cómo iban en la escuela. Karla recordaba, con tristeza, la expresión de la cara de su padre el día en que su hermano recibió el premio al mejor estudiante en la escuela elitista a la que iba: era el padre más orgulloso del mundo. Las notas de Karla, aunque muy buenas, sólo provocaban la habitual expresión de interés limitado. La ambición de Karla era hacer algún día algo que provocase la misma admiración de su padre hacia su hermano. El problema es que nunca pudo hacerlo porque su padre murió un año más tarde. En medio del tratamiento, Karla confesó: «Si hubiera vivido, no hubiese necesitado ponerme enferma. Hubiese podido sentir su orgullo por mí de otra manera».

Los problemas que conducen a esta enfermedad y que los padres podrían reconocer como señales de alerta son de naturaleza sutil. En los últimos años, todo el mundo ha podido leer artículos sobre la anorexia nerviosa, la mayoría de los cuales hace referencia a problemas familiares. Afortunadamente, muchos describen la situación subyacente, que conduce a que los padres esperen demasiado de uno de sus hijos. Una característica común es que el futuro paciente no es considerado como un individuo por derecho propio, sino como alguien que hará las vidas de sus padres más satisfactorias y completas. Tales expectativas no suelen descartar una relación de afecto y cariño. Normalmente se desarrollan una dependencia y un intercambio de ideas demasiado intensos. Cuando se les ve a todos juntos en familia, es raro que uno de los miembros hable directamente para expresar sus propias ideas y sentimientos. Cada uno parece saber lo que piensa y siente el otro y, al mismo tiempo, descalifica lo que el otro acaba de decir con sus interpretaciones. Yo he llamado a este estilo de comunicación la «confusión de pronombres» porque uno nunca sabe en nombre de quién están hablando. El padre explicará lo que la madre quiere decir realmente, la madre está segura de que debe coger lo que dice la hija y la hija trata de explicarse a sus padres. Los demás hermanos se organizan para quedar fuera de este embrollo, relacionándose entre sí o fuera de casa, porque además no suelen llevarse muy bien con el/la perfectísimo/a hermano/a anoréxico/a. Esto último contribuye al aislamiento del enfermo, el sacrificado ante las necesidades de los padres.

La cuestión es qué es lo que hace que los padres usen al niño de esa manera. Es importante para el terapeuta que expongan sus insatisfacciones y desacuerdos. Algunos negarán, incluso protestando violentamente, que tales factores tuvieron un papel en la enfermedad de su hija. No olvidemos que es muy difícil evaluar la situación con objetividad porque este trastorno tiene un impacto muy desintegrador en la familia. Los padres rechazan que les culpen de algo y esperan que el paciente se sienta culpable por causarles tantos problemas. El padre de Paula abrió la primera entrevista señalando a su hija: «Ella es la que tiene anorexia. Déjele explicar por qué». Cuan-

61

do ciertos problemas maritales salieron a colación, él les quitó importancia: «No puedo ver qué relación tiene eso con que ella esté enferma». En realidad estaba más que claro que ellos tenían mucho que ver en el desarrollo anormal de Paula. Incluso de niña, sentía que sus padres eran «diferentes». Eran mayores que la mayoría y ella aprendió bastante pronto que tendría que darle a su madre la satisfacción que su matrimonio no le proporcionaba. Cuando era muy joven, Paula estaba muy orgullosa de estar tan unida a su madre. Las dos parecían saber lo que la otra pensaba en todo momento. Había recibido mucho amor, atención y estímulo de sus padres y sus muchos amigos.

En la guardería y en la escuela, Paula tenía miedo a los otros niños. Cuando estaba en 2º de primaria, se volvió más extravertida (su madre le dio más libertad) y empezó a hacer amistades, pero ninguna tan cercana como la relación que había tenido con su madre. Entonces se dio cuenta de que había pasado algo entre sus padres porque su madre cambió repentinamente y volvió a estrechar la relación con Paula. Requería todo el tiempo libre de la niña y actuaba como si se sintiese mal si ésta hacía cosas por su cuenta. En vez de animarla a tener amigos, los criticaba o minusvaloraba y, así, Paula empezó a sentirse diferente a las otras niñas. A los 15 años cayó en la anorexia, después de que sus padres mostrasen su desaprobación de la última amiga que le quedaba.

Una vez se desarrolla la anorexia, los padres se quejan de que ha cambiado toda su vida. En vez de la armonía anterior, ahora hay un mundo de luchas, enfados, quejas mutuas y recriminaciones. Pocas condiciones evocan tan fuertes reacciones emocionales como el rechazo voluntario de la comida. Es bien conocida la fuerza coercitiva de las huelgas de hambre. Así se desarrolla una característica lucha de poderes entre los padres,

62

que tratan de forzar a la chica a comer, y ella, que responde con un rechazo violento o manipulaciones y engaños (haciendo ver que come, escondiendo la comida o vomitando).

En realidad, esta estresante situación sólo es un reflejo superlativo de lo que ya sucedía en la familia. Durante toda la vida de la niña hubo un desequilibrio de poder. La propia complacencia de la niña le privó del derecho a vivir su propia vida. Los padres daban por hecho que debían hacer todos los planes y tomar todas las decisiones. Esos padres hablan con la convicción de que su enfoque de la vida es el correcto, normal y deseable y de que así facilitan a sus hijos la realización de sus aspiraciones. La incapacidad de la niña para autoafirmarse y los déficit en la personalidad asociados son el resultado de unas pautas de interacción que empiezan muy pronto en la vida de estas pacientes. Los padres no se dan cuenta de que han ejercido excesivo control sobre la niña y su propia dificultad para acabar con esta actitud es una de las causas de que la enfermedad se mantenga durante tanto tiempo.

3

La infancia perfecta

«Todos los profesores me han dicho que es un placer tenerla en su clase.» Con esta frase empezó la entrevista la madre de una chica anoréxica de 18 años. Otra trajo incluso una nota de la profesora de su hija anoréxica de 12 años: «Sería difícil encontrar una chica más lista y encantadora que su hija». Los padres de chicas anoréxicas suelen valorar enormemente estas manifestaciones porque apoyan sus propias convicciones de que el paciente, triste, desesperado y enfadado, ha sido, hasta hace poco, la pequeña más obediente, brillante y dulce que se haya podido encontrar jamás. Muchos padres afirman sin dudar que su hijo ha sido superior a sus compañeros, que les ha dado muchísimas satisfacciones y que precisamente eso les ha hecho sentirse más capaces como padres. Ése es el hijo que muchas familias querrían. Los padres hablan con orgullo de los éxitos deportivos e intelectuales de sus hijas anoréxicas. Les cuesta creer que su fantástico hijo ha estado viviendo bajo una gran angustia y estrés.

La mayoría de las chicas, sin embargo, tarde o temprano admiten que han tenido una infancia llena de ansiedad, constantemente preocupadas por ser queridas, ya que siempre han pensado que no eran lo suficientemente brillantes. Si no satisfacían las aspiraciones de sus padres, perderían el amor y la consideración de éstos. Hasta que la enfermedad se hizo obvia, hicieron todos los esfuerzos necesarios por ocultar su descontento de manera que sus padres pensasen que eran felices. Las chicas anoréxicas suelen repetir una y otra vez que «no se merecen nada» y que «son unas desagradecidas». Su queja común es que han recibido tantos privilegios que se sienten desbordadas por la tarea de estar a la altura de tal trato. Se preocupan por la discrepancia que existe entre lo que sienten, lo que se merecen y lo que les han dado y, por eso, se convierten en seres frugales, incluso autopunitivos, porque piensan que tal vez no pueden pagar la deuda que tienen con la generosidad de sus padres.

El enigma de la anorexia nerviosa se puede resumir en cómo unas familias bien adaptadas fracasan a la hora de transmitir un sentido de autoconfianza adecuado a esas niñas. Crecen confusas con respecto a su cuerpo y sus funciones. Su sentido de identidad, autonomía y control es deficiente. En muchos sentidos, sienten y se comportan como si no tuvieran derechos independientes, como si ni su cuerpo ni sus acciones fueran autodirigidos, ni siquiera suyos. Malinterpretan las sensaciones de su cuerpo; sufren por la convicción de que son inútiles, de que no tienen control sobre su vida o sus relaciones con los demás. Los síntomas característicos de la anorexia nerviosa son siempre los mismos, con ciertas diferencias individuales, y pueden dibujarse años antes de iniciarse el problema. La manera en que usan las funciones alimenticias y su miedo a no tener control sobre la comida son claros indicios de que se ha desarrollado una conciencia del hambre inapropiada.

No hay duda de que esos niños han estado bien cuidados a nivel físico, material y educacional. Las dificultades y deficiencias están en la pauta de interacción, es decir, todas esas buenas cosas les fueron otorgadas sin que respondieran a las necesidades o a los deseos del niño. La psicología infantil moderna considera que desde el nacimiento debe considerarse la propia contribución del niño a su desarrollo. Para desarrollar un sentido de su propia identidad y la capacidad de expresarse efectivamente, es importante que los mensajes que proceden del niño, de su campo biológico e intelectual, social y emocional, sean reconocidos y atendidos adecuadamente. Sin tal confirmación o refuerzo de esas expresiones indiferenciadas de necesidad, existe el peligro de que el niño crezca perplejo y en el futuro no sea capaz de diferenciar entre las diversas sensaciones y experiencias emocionales e interpersonales. Puede incluso que no sepa distinguir si una sensación o impulso se origina dentro de sí mismo o llega de fuera. Puede que no se sienta auténticamente separado de los demás o quizá sienta que está bajo la influencia de necesidades urgentes internas o demandas externas.

Esto se aplica a todas las áreas del desarrollo. En la situación de alimentación también podemos observar esta dinámica. Una madre muy atenta ofrecerá comida a su hijo cada vez que éste llore porque su conducta indica esa necesidad y así el niño aprende gradualmente a reconocer el «hambre» de las otras sensaciones de carencia. Si, por otro lado, la reacción de la madre siempre es poco apropiada y negligente (no le alimenta cuando está hambriento) o demasiado solícita (le alimenta ante todo signo de incomodidad), el niño no podrá aprender a diferenciar entre estar hambriento o saciado o entre hambre y cualquier otra tensión. En ambos extremos, una se encuentra con personas grotescamente obesas, perseguidas por el temor al hambre, y con escuálidas anoréxicas, ajenas —o pretendidamente ajenas— a los dolores del hambre y al resto de consecuencias de la desnutrición. Si estudiamos con detenimiento a las jóvenes anoréxicas, observamos muy a menudo que en su más tierna infancia no se reconocieron los indicios que apuntaban hacia esta enfermedad. En estas familias, el crecimiento y el desarrollo son concebidos como un logro de los padres, no del niño.

La primera historia alimenticia de la anoréxica suele ser muy aburrida. Muchas madres sienten que no hay nada que decir; la niña nunca dio ningún problema, comía todo lo que le ponían delante. Otras recordarán que siempre se anticiparon a las necesidades de sus hijos —no permitían que se sintiesen con «hambre»— o que eran la envidia de amigos y vecinos porque sus hijos no armaban jaleo por la comida y eran bastante obedientes durante el clásico «período de resistencia». Esta buena conducta se extendía también a otras áreas: la limpieza, el juego tranquilo y la obediencia.

Esto parece ser el tema principal. La mayoría de las madres dice: «Todo iba bien; nunca dio ningún problema». A la madre de Robin, una mujer sensible y atenta que ya tenía varios nietos cuando nos visitó a causa de su hija, se le preguntó si había algo inusual en la vida temprana de la misma y respondió: «No lloraba cuando se despertaba. Esperaba pacientemente a que la viniésemos a coger». Robin recordaba haber preguntado de niña: «¿Cuánto tiempo he de dormir de siesta?» y aceptaba el rato que se le indicase; luego no quería que se supiese cuándo se había despertado en realidad. Aparentemente nadie le había dicho: «Llámanos cuando te despiertes». Durante la terapia con Robin supimos que siempre había estado intimidada por una hermana mayor con quien compartía habitación y por una empleada del hogar que insistía de muchas maneras en que un niño no debe ir por la casa molestando o dando trabajo a sus mayores. Estos mensajes eran tan sutiles que escapaban a la atención de la madre.

Para Sandy, como para muchas otras, complacer y no causar ningún problema ha sido una regla básica de su vida. Recordaba con angustia la manera en que se servía la comida. Sentía que la forzaban a hacer algo que no quería, pero nunca protestó. Había una regla estricta: «limpia el plato», fuera cual fuera la porción que le ponían, le gustase o no la comida. El horror de comer más allá del estado de saciedad estuvo con ella casi toda su vida y tuvo un papel muy importante en su conducta anoréxica. Cuando las cosas mejoraron, aún conservaba el temor a comer demasiado porque su enseñanza más temprana le había dejado sin la capacidad de autorregularse. Sandy fue criada por una enfermera y su propia madre confesaba haberse sentido intimidada por ella, pues afirmaba saber exactamente lo que la niña necesitaba, sobre todo en relación con su alimentación. Sandy había crecido en un hogar con estrictas y elaboradas reglas. Tenía dificultades en diferenciar las antiguas reglas de la infancia de la conducta apropiada en el presente, ahora que era mayor. Por ejemplo, mostrar rabia o cualquier desacuerdo estaba fuera de su alcance. Nunca había levantado la voz y, excepto su hermana, que le había chillado a la gobernanta, nadie lo hacía en su entorno.

En el primer encuentro, las anoréxicas, que rechazan cualquier sugerencia de comer o relajarse, dan la impresión de ser orgullosas, de tener una gran resistencia y fuerza de voluntad. A medida que se las conoce, esa impresión es reemplazada por un cuadro subyacente de incapacidad para tomar decisiones y un miedo constante a no ser respetadas o valoradas suficientemente. Esas jóvenes parecen no tener la convicción de que tienen un valor intrínseco. Están siempre preocupadas por satisfacer la imagen que los demás tienen de ellas. Su infancia ha estado invadida por la exigencia de adivinar las necesidades de los demás y hacer lo que los otros esperan de ellas.

Después sucede que algo tan placentero como recibir regalos se convierte en algo particularmente confuso, incluso estresante, en sus vidas. Sienten que no se los merecen; no saben lo que quieren ni cómo decirlo. Tessa es la más pequeña de los hermanos de una familia rica. Sus padres siempre han sido muy generosos y amables con ella, quien nunca ha expresado deseos de obtener regalos o tomar decisiones, sino que siempre ha estado de acuerdo con los planes de su madre. «Siempre he hecho lo que se esperaba de mí; mamá lo planeaba todo.» Fue enviada varias veces a una escuela interna y siempre volvía deprimida y enfadada; y la última vez, anoréxica. Nunca se le ocurrió protestar por ser enviada a una escuela a la que no quería ir.

Cuando se le preguntaba qué cosas le habían gustado o había querido hacer realmente, se mostraba perpleja. No podía decir cuál era la diferencia; nunca había hablado de cosas que le gustasen o no. Cuando se le planteaba de otra manera: «Quizá lo que uno quiere no siempre es lo práctico; incluso puede ser tonto», su cara se encendía. «Sí, una vez quise algo que sabía que era una locura, pero sentía que lo quería y *sabía* que lo quería; mamá nunca se lo hubiese imaginado.» Con muchas dudas, reveló lo que era: un elefante bebé que había visto en el zoo. Tenía fantasías de llevárselo a casa y de acariciarlo en su jardín. Le hacía sentir bien el hecho de saber que, al menos, había algo que *ella* había querido. He usado esta pequeña historia con muchas pacientes que no podían definir lo que «querían», al margen de lo que querían sus padres, y a las cuales nunca se les había ocurrido la idea de que tenían el derecho de pedir algo o, incluso, de saber lo que querían.

Lo que les causa desazón es saber lo que sus padres quieren darles y aceptarlo con gratitud y entusiasmo. Esto puede conducir, en ocasiones, a conductas engañosas. Una paciente recordaba que, de pequeña, hubo un período en el que le gustaron mucho las cosas de la India. Pero sólo fue durante un tiempo; enseguida se le pasó. Un día, cuando empezó la escuela, se encontró con una caja que contenía un precioso turbante indio. Llegó a la conclusión de que se trataba de su regalo de Navidad. Ahora ya no le gustaba tanto lo indio e incluso le daba vergüenza la idea de llevar el turbante, pero empezó otra vez a hablar de los indios porque lo importante era que su madre se sintiese bien con el regalo. Sacó sus libros sobre la India e hizo dibujos sobre el tema, todo para que su madre se sintiera bien. Incluso cuando estaba en tratamiento, hacía de detective para adivinar lo que los padres habían planeado para ella y así hacerles saber sutilmente que eso era lo que quería.

Esta pauta puede ser observada con increíble frecuencia. Vera estaba convencida de que la tarea de una niña era hacer que sus padres se sintiesen bien ante lo que habían escogido para su hija, que supiesen que estaba agradecida y contenta por ello, incluso cuando la cosa en cuestión era diferente a lo que quería en realidad. Expresar lo contrario sería desagradecido y podría enojarles. Afortunadamente, unos pocos regalos destacaron entre los demás, ya que Vera estaba segura de que se los habían hecho porque sus padres sabían que a *ella* le gustaban. La profesión de su padre le obligaba a viajar al extranjero y nada le hacía sentir mejor que las muñecas que le traía en su maleta. Eso probaba que había pensado en ella cuando estaba fuera.

Otro ejemplo es el caso de Wendy, quien recordaba su gran deseo de tener una muñeca grande para cuidarla como un bebé. Tenía muchas muñecas que le traían visitantes extranjeros amigos de sus padres, pero no le servían para nada porque no tenía la que quería para tratarla como un bebé, pero nunca se atrevió a expresarlo; sabía que entonces la tendrían por una niña vulgar o demasiado infantil.

Estos episodios expresan algo más que actitudes frente al hecho de recibir regalos. Ilustran la consideración y la sumisión excesivas y la falta de asertividad característica de las anoréxicas. Deficientes en su sentido de la autonomía, tienen dificultades para formar sus propios juicios y opiniones. Siempre han hecho lo que les han ordenado y no han podido comprobar sus propias capacidades. Durante toda su infancia, «han marchado al son de un ritmo que no era el suyo», un ritmo que las mantendrá inoperantes en el futuro, rehenes de formas de pensamiento infantiles.

Hemos aprendido de Piaget que la capacidad para pensar, el desarrollo conceptual, pasa por etapas definidas. Aunque el potencial de este desarrollo paso a paso es inherente al talento del ser humano, necesita, para una maduración apropiada, un entorno que lo facilite. Parece ser que en las jóvenes anoréxicas no se da esta maduración o que es insuficiente. Ellas continúan funcionando con las convicciones morales y el estilo de pensamiento de la infancia temprana. Piaget llamó a esta fase la de las operaciones concretas o preconceptuales; también se conoce como el período del egocentrismo y se caracteriza por conceptos de efectividad mágica. Las anoréxicas parece que se han detenido en esta fase, al menos en lo que respecta a la manera en que se enfrentan a los problemas personales. El desarrollo de la fase adolescente, en la que la capacidad para las operaciones formales coincide con el pensamiento abstracto y la evaluación independiente, es deficiente en ellas o incluso está totalmente ausente.

Las anoréxicas suelen sacar muy buenas notas y eso se ha interpretado como un indicativo de alta inteligencia; nosotros hemos descubierto que tienen serios defectos en su capacidad de conceptualización. Esos resultados académicos tan excelentes suelen ser el resultado de un esfuerzo desmesurado. A veces sucede que cuando se les pasan pruebas de inteligencia u otras evaluaciones, sacan mucho peor nota que lo que se espera de ellas. Aún es más serio el deficiente desarrollo de su pensamiento diario y su rígida reinterpretación de las relaciones humanas, incluida su propia autoevaluación. A pesar de que han leído mucho en la escuela y fuera de ella, el funcionamiento intelectual de las anoréxicas parece anclado en un nivel infantil. La alteración del concepto de su imagen corporal, la incapacidad para considerarse con realismo, se debe entender como resultado de esas percepciones deficientes. Están impelidas a ser buenas, a vivir bajo reglas y a evitar las críticas o el descontento de sus padres o profesores. Estas deficiencias se vuelven mucho más evidentes en la adolescencia. Pero desde la niñez se han expresado sutilmente.

Vera fue la cuarta hija tardía de unos padres mayores. Su hermana mayor se casó siendo ella bastante joven; la más cercana a ella en edad ingresó en una escuela interna. Así que ella creció como la única hija de una familia de clase alta y bien educada. Vera recuerda haberse sentido apabullada cuando sus hermanas mayores la visitaban; estaba muy interesada en la opinión que tenían de ella. Recordaba una frase que solían usar: «¿No está malcriada?». Aunque se lo decían con afecto y a modo de broma, llegó a la conclusión de que se trataba de un atributo vergonzoso y se propuso «no ser una malcriada» por encima de todo.

Así que Vera nunca expresó ningún deseo por nada, ni material ni afectivo, y aceptaba los regalos sólo porque no podía rechazarlos; cada regalo despertaba en ella la necesidad de probar que se los merecía y que no era una niña mimada. Este miedo degeneró en una actitud increíblemente cicatera para consigo misma. Siempre actuaba de forma frugal y era muy modesta en la forma de vestir, aunque tenía fantasías en las que lucía trajes elegantes. En cuanto a la comida, todavía era más exigente; incluso antes de perder peso, sentía que era equivocado «comer comida por placer». Durante el tratamiento llegó a entender cómo había acomodado su vida a lo que creía que los otros pensaban y sentían. Se había negado a expresar sus propios sentimientos y deseos. A medida que mejoraba, su cicatería, su rechazo a complacerse, interfería con el deseo real de ganar peso. Debido a ese miedo a ser una malcriada, sólo se permitía comprar las marcas más baratas, aunque hubiese preferido comida de más calidad. Se pasaba mucho tiempo comparando precios y buscando los establecimientos más baratos. Hacer lo más conveniente para ella o comer mejor era equivalente a malcriarse y violar las normas más básicas.

Sólo unos pocos padres se dan cuenta de la mente literal que tienen sus hijos; sólo algunos captan la interpretación infantil que hacen de las situaciones vitales. El padre de Xena era interventor en una universidad. Los padres de la mayoría de sus amigos eran profesores: Xena sabía que su padre no enseñaba. Cuando era muy joven le explicaron, en broma, que su padre contaba centavos. Mucho más tarde, en la escuela, le preguntaron a qué se dedicaba su padre y ella respondió que era «contador de centavos». Cuando cumplió 14 años, los estudiantes de su clase de nutrición tuvieron que escribir una redacción sobre todo lo que comían. Xena estaba avergonzada porque debería escribir mucho y, sin duda, parecería una glotona. Así que sólo escribió una parte de lo que comía; para ser sincera con lo que había escrito, luego comió exactamente lo que había enumerado en clase. Desde ese momento se atendría a esa dieta, con miedo a que la gente la ridiculizase por comer tanto. Ése fue el inicio de su pérdida de peso.

Las pautas de conducta con sus compañeros muestran también la adaptación dócil o servil que caracteriza la vida de estas pacientes. Frecuentemente aparecen un montón de amigos, pero sólo suelen tener uno en cada momento. Con cada uno de ellos se muestran de una manera diferente, como si tuvieran personalidades diferentes. Se conciben como imágenes que reflejan lo que los amigos quieren de ellas. Nunca se les ocurre que tienen su propia individualidad y que ésta puede ser interesante para los demás. La amistad no suele durar más de un año; después se va apagando. Una de esas chicas que, más tarde, en la universidad, fue bastante popular estaba molesta porque no se sentía tal y como era en realidad cuando estaba con la gente. La siguiente anécdota describe esa situación: «Estaba sentada con esas tres personas, pero sentía una terrible fragmentación de mi yo. Detrás de mí no había una auténtica persona. Intentaba reflejar la imagen que tenían de mí, hacer lo que se esperaba de mí. Había tres personas diferentes, así que tenía que ser tres personas diferentes. Me pasaba lo mismo de pequeña. Siempre actuaba como respuesta a lo que querían».

Algunas se prestan a atender a los nuevos en la escuela, a los que sufren alguna minusvalía o a los que no pertenecen a ningún grupo. Una y otra vez experimentan que esos amigos de conveniencia están con ellas, mejoran su posición en el grupo y luego les abandonan. Si tienen un amigo en particular, siempre adoptan el rol del seguidor.

Una vida social muy activa puede ser también una expresión de conformidad. Yetta creció en un entorno que prestaba mucha atención a las apariencias y a «hacer las cosas bien». Todo lo que recordaba es que tenía que ser la mejor y sólo descansaba cuando sentía que la admiraban. Incluso en la guardería se sorprendía de no ser escogida para las actividades especiales, por ejemplo, no ser el hada en la función teatral. Ella y sus compañeras de escuela estaban constantemente preocupadas acerca de quién vestía mejor. La madre de Yetta le ayudaba en este aspecto: todo vestido o joya que le gustaban a su hija se los compraba. Su constante preocupación era: «¿Qué dicen de mí? ¿Les gusto? ¿Piensan que estoy bien?». Cuando fue adolescente y salía, se cambiaba tres o cuatro veces comparando su imagen con las otras para asegurarse de que era la que mejor vestía.

Su constante comparación con las demás interfería con su rendimiento en el colegio. Cuando estaba en clase sólo se fijaba en las caras de sus compañeros, intentando evaluar si lo habían entendido mejor que ella, si se concentraban mejor o presentaban mejor sus trabajos. El resultado era que disminuía su capacidad para concentrarse y acababa suspendiendo. Gracias a la terapia, detuvo su dieta anormal y pronto alcanzó el peso que le correspondía, algo a lo que reaccionó, al principio, con depresión y después con aceptación. Entonces se olvidó de su enfermedad de la «comparación» y empezó a prestar atención al profesor. Un día dijo con cierto asombro: «Hoy he subido en ascensor sin preocuparme del aspecto que ofrecía a los demás; simplemente subíamos cada uno a su piso».

Zelda tenía muchos amigos cuando era joven, la mayoría hijos de amigos de la familia y mayores que ella. Hacía grandes esfuerzos por mantenerlos. En el fondo era una chica solitaria que se pasaba muchas horas en el sótano de casa, donde desarrollaba fantasías en las que tenía muchos amigos. Esto no se lo contaba a nadie porque estaba segura de que sus padres no aprobarían esa conducta. Uno de los recuerdos más infelices de su niñez fue cuando rediseñaron el jardín y retiraron los arbustos, su escondite de verano, donde daba rienda suelta a sus fantasías. No llevaba a cabo todo ese juego en su propia habitación porque siempre había el peligro de que alguien entrase. Uno de sus mayores deseos era tener privacidad, que no la molestasen. Ir a la universidad fue un acontecimiento feliz porque tenía una habitación para ella sola y nadie, nadie, entraba sin su permiso. Cada vez se sentía más aislada y solitaria e intentó mostrar su independencia yendo a Europa sola; de este viaje volvió pálida y delgada. Tras esto sufrió una disminución drástica de peso y un incremento exagerado de sus actividades.

He constatado que las anoréxicas se aíslan socialmente en los años precedentes a su enfermedad; algunas explican que son ellas las que se apartan y otras les echan la culpa a sus amistades. Algunas expresan su desacuerdo con los valores de su grupo en términos condescendientes. Agnes fue a una escuela privada que tenía altos requerimientos académicos. Aunque sacaba buenas notas, era crítica con la escuela, diciendo que le mandaban las cosas autoritariamente y que no tenía oportunidad para expresarse libremente. También criticaba sus actividades sociales, especialmente las de las chicas interesadas en chicos y fiestas. Durante su primer año de carrera, formó un grupo con dos amigas más y criticaban irónicamente todo lo que pasaba en el campus. Tras las vacaciones de verano, las otras dos chicas formaron su propia camarilla y la dejaron de lado. Agnes sintió que se equivocaba con sus sentimientos de superioridad y sus críticas. Al mismo tiempo, se obsesionó con sus propios defectos e inició su conducta anoréxica. Admitió claramente que no comer le daba una gran sensación de superioridad y que se sentía mejor y más valiosa cuando perdía peso.

Hay otras que se aíslan debido a sus actitudes rígidas y su afición a juzgar a los demás. Empiezan a quejarse de que sus compañeras son muy infantiles, muy superficiales, de que están demasiado interesadas en chicos y de que, de una u otra manera, no llegan al ideal de perfección que ellas tienen y que exigen a los demás. Estas jóvenes se aferran a unas supersticiones que aceptaron cuando eran muy pequeñas y las aplican fervorosamente a su vida. Las nuevas formas de conducta y de pensamiento adolescentes les extrañan y atemorizan. La enfermedad se manifiesta cuando se salen completamente de su grupo de edad y de su familia, inadaptadas frente a las situaciones normales de la escuela.

Como hemos visto, la mayoría de las anoréxicas son estudiantes ejemplares a las que se elogia por su devoción al trabajo, su entusiasmo en el deporte y la ayuda que prestan a los compañeros inadaptados. Para muchas, la escuela es una experiencia importante, positiva y energizante; el lugar donde reciben la recompensa por su esfuerzo. Pero ser elogiados por nuestro excelente trabajo no hace que las experiencias escolares sean especialmente felices. Bianca siempre sintió que haber nacido chica la ponía en una situación de desventaja con respecto a sus padres, especialmente frente a su padre. Su vida era una eterna competición con su hermano mayor, el cual iba a una escuela privada que hacía hincapié en las matemáticas y en las ciencias naturales. Aunque ella estaba dotada para las letras, insistió en ir a la misma escuela y, a veces, se entristecía por no poder alcanzarle. Cuando finalmente cambió a una escuela más acorde con sus aptitudes, lo hizo especialmente bien, pero aun así esas buenas notas en literatura, arte, historia y lengua no eran para ella tan elogiables como las de su hermano porque le parecían «más fáciles». Sólo contaba lo que hacía su hermano.

Las demandas que Bianca se hacía no disminuyeron con el tiempo ni se hicieron más reales; al contrario, cada día se exigía metas más inalcanzables. «Cada vez que me daban más [una educación cara], sentía que se esperaba más de mí y moralmente me obligaba a mucho más. Sentía que no podía vivir como el resto de los humanos. Tenía que conseguir que este mundo fuese mejor y hacer todo lo que un ser humano es capaz de hacer. Tenía que dar lo máximo en todo momento; de lo contrario, no estaba dando suficiente. Si no agotaba todas mis fuerzas, no había cumplido con mi deber.»

Para estas chicas la tranquilidad es difícil de conseguir. Carol recibía frecuentes comentarios favorables sobre las redacciones que hacía, pero nunca se sintió especialmente orgullosa por escribir bien; sentía que era afortunada porque a su profesora le gustaba cómo escribía y más bien tenía miedo de que a otro profesor no le gustase su estilo. Incluso en la universidad, su principal interés era satisfacer los requirimientos del curso. En sus últimos años de carrera tenía el deseo de pedirle a su tutor que le orientase para escoger su futuro profesional, pero no lo hizo porque se dijo que él pensaría que eso era infantil, ya que, a esas alturas, se esperaba que tomase su propia decisión.

A pesar de todo, como he repetido, la preocupación más persistente está en relación con la familia y el hogar. Aunque considerada la hija perfecta, la paciente vive en un continuo temor a no ser amada y a que no se la tenga en cuenta. Bianca fue educada por gobernantas porque el cargo oficial de su padre conllevaba muchas obligaciones para su madre. Temía portarse mal y que la gobernanta se lo dijese a su madre. Cuando mencioné esa posibilidad, Bianca se emocionó y dijo: «Sabía que me querían; me aseguré de que así fuese». Después explicó cómo, bajo ninguna circunstancia, haría nada que mereciese una crítica por parte de sus padres. Bianca cayó en la anorexia a la edad de 16 años. Le perseguía el temor de que nadie la quisiese, de que no tenía cualidades interesantes. La conducta infantil anterior de ser demasiado obediente ya no le daba la seguridad de ser querida.

Dawn nos contó algo parecido. Sus padres describían lo agradable y cooperativa que había sido siempre su hija. En realidad, toda la vida de Dawn había sido una especie de representación. Sólo mostraba la cara dulce, complaciente y sumisa, aunque esto era, en sus propias palabras, sólo «un gran disfraz». Siempre había tenido miedo de mostrar sus auténticos sentimientos porque podían causar desaprobación, aunque seguían estando bajo la superficie. Era importante ocultar lo que realmente sentía. «Cuando lloraba, temía que se me considerase una llorona o que se enfadasen, aunque ellos tampoco lo podían expresar. Ellos nunca mostraban cuándo estaban irritados, pero yo sentía que lo estaban.» Ella también sentía temor por mostrar algún enfado o desacuerdo; incluso mucho después, siendo ya adolescente, diría: «Odio pensar que soy una persona que muestra su rabia por ahí». Sabía que no podía controlar lo que sentía, pero consideraba que su deber era no mostrarlo. «Nunca me echaron ninguna bronca, pero yo me aseguré de que no tuvieran motivo para ello.» Dawn había oído a sus padres describir a otras chicas como alegres y amistosas, «con una sonrisa siempre en los labios», y eso es lo que se propuso hacer; así que aprendió a mostrar siempre una sonrisa de felicidad. Cuando la anorexia se desarrolló, la sonrisa seguía ahí, pero ahora sólo era una mueca helada.

Este tipo de buena conducta refleja un juicio moral bastante infantil. Es característico del pensamiento de estas chicas, incluso de aquellas que de vez en cuando muestran alguna desobediencia o desacuerdo. Las desviaciones de la conducta normal son tan sutiles, tan naturales para los padres y profesores, que nadie las considera extrañas. Si la joven recibe ayuda psiquiátrica antes de que la anorexia se desarrolle, no será raro que empiece a mostrar conductas más auténticas, no tan complacientes; los esfuerzos de autoafirmación serán considerados preocupantes.

Estas chicas no pueden experimentarse a sí mismas como individuos unificados o autocontrolados, capaces de dirigir sus vidas por su cuenta. Cuando la anorexia se desarrolla, sienten que la enfermedad está causada por una fuerza misteriosa que las invade o que dirige su conducta. Muchas piensan en sí mismas y en sus cuerpos como entidades separadas y la tarea de su mente es controlar ese cuerpo indisciplinado. Otras nos relatan que se sentían divididas, como segmentadas en dos personas. A la mayoría les cuesta mucho hablar de esa división, pero tarde o temprano surge una referencia al otro yo: por ejemplo, mencionan a ese «dictador que me domina» o a «un fantasma a mi alrededor» o «al pequeño hombre que se enfada si como». Normalmente, esta parte secreta y poderosa del yo se experimenta como una personificación de todo lo que tratan de ocultar o negar porque no lo aprueban ellas o los demás. Cuando definen a este aspecto separado de sí mismas, parece que la personificación es siempre un hombre. Aunque pocas lo expresan abiertamente, a lo largo de sus vidas han sentido que ser mujer era una desventaja y que soñaban con triunfar en áreas generalmente consideradas «masculinas». Su apariencia delgada o sus logros deportivos les dan la convicción de que son tan eficaces como cualquier hombre y así logran que el «hombrecillo», el «espíritu maligno» o cualquier otra fuerza mágica no puedan atormentarlas con sentimientos de vergüenza y culpa.

Una vez la anorexia nerviosa llega al punto de que la niña se ha aislado y ya no participa de su desarrollo adolescente, nos encontramos ante una enfermedad muy seria. Es esencial que detectemos el trastorno antes de llegar a este punto o, incluso mejor, entender los antecedentes psicológicos que nos avisan de que el desarrollo está siendo defectuoso. La mayoría de estas chicas tiene unos padres educados, inteligentes y exitosos. Las escuelas a las que van son de excelente nivel. Las personas que trabajan en ellas deben estar alerta porque los niños que «no dan ningún problema» se pueden encontrar al borde del abismo y entonces ese estudio y buen comportamiento serán signos de que algo va mal. En muchos aspectos, esas chicas representan lo que los padres y los profesores consideran que deben ser las niñas perfectas, pero si nos fijamos veremos que lo hacen de una manera exagerada. Ese esfuerzo extra, ese no ser bueno sino «mejor», es lo que marca la diferencia entre estos jóvenes infelices que se privan de comida y otros adolescentes capaces de disfrutar de la vida. La verdadera prevención requiere que reconozcamos pronto su grata superperfección como una expresión de tristeza interior.

4

Cómo empieza

Cuando Daisy se vio en una foto en pantalones cortos, se quedó horrorizada porque le pareció que estaba «horriblemente gorda». Había ganado algo de peso en la escuela interna a la que iba porque la comida era más calórica que en casa, así que decidió perder algunos kilos. La solución fue reducir la dieta a cantidades mínimas, pero se dio cuenta de que le costaba mucho mantenerse con tan poca comida. Le atormentaba tanto la necesidad de comer como el temor a engordar. Pronto se encontró con que comía enormes cantidades que la hacían sentir pesada, inflada e incómoda hasta «ponerse enferma», lo que quería decir que tenía que vomitar. En unos seis meses perdió unos 20 kg. Su peso, las mínimas subidas y bajadas del mismo y las cantidades de comida que ingería se convirtieron en el centro de su pensamiento, reemplazando al resto de sus anteriores intereses.

Como Daisy, muchas enfermas recuerdan un hecho desencadenante que las hizo sentirse demasiado gordas. En realidad, sólo se trata de la gota que colma el vaso. Antes de ese episodio siempre habrá habido un interés desmesurado por sentirse bien consigo mismas. Las pacientes anoréxicas dicen que restringen la comida porque están demasiado gordas, pero sólo unas pocas lo están de verdad, con un exceso de 3 a 5 kg de media, raramente más. Yo he visto sólo a un paciente anoréxico, un chico de 15 años, que tenía realmente sobrepeso cuando decidió iniciar la dieta: de repente «vio», cuando revelaba unas fotografías, que su cara era demasiado gorda. En la mayoría de los casos, sin embargo, el peso es el normal. Actúan como si nadie les hubiese dicho que en la pubertad el cuerpo cambia y desarrolla algunas curvas. Los comentarios que oyen y que ellas consideran tan lacerantes son los normales que se dicen a esa edad cuando el cuerpo cambia. Algunas ya están delgadas cuando inician la dieta, pero también afirman que pesan mucho o que están ganando peso demasiado deprisa.

Frecuentemente, la preocupación por la dieta empieza cuando se enfrentan a nuevas experiencias, tales como trasladarse al campo, cambiar de escuela o ir a la universidad. En esas nuevas situaciones se sienten en desventaja, temerosas de no hacer amigos o de no ser suficientemente atléticas o simplemente de «engordar». Algunas se deprimen, privadas del apoyo familiar, o dicen que no les gusta la nueva comida; la primera pérdida de peso puede ser accidental. Se las admira y elogia por ello y así adquieren un orgullo desmesurado por estar delgadas y sienten que si adelgazan más se ganarán más respeto por parte de los demás.

Gracias a la psicoterapia sabemos que ese miedo a estar «demasiado gorda» tiene muchos significados diferentes. Esas jóvenes son extremadamente vulnerables a cualquier cosa que suene a crítica, lo que consideran insultos. La decisión de seguir una dieta no es algo tan repentino como nos podríamos imaginar. Lo que se nos revela es que estas jóvenes han entrado en un punto muerto en sus vidas; continuar como antes resulta imposible. La carrera hacia la pérdida de peso y el detenimiento de los cambios provocados por una excesiva delgadez interrumpe un desarrollo que sentirán como perturbador, ya que les llevará a una situación que no controlan. Sus propios cuerpos se convierten en el entorno donde pueden ejercer el control.

Este punto muerto ocurre en diferentes ocasiones durante la adolescencia. Puede suceder en la niñez tardía, antes de que aparezcan los signos del desarrollo puberal, aunque lo más común es que éstos se presenten durante la prepubertad, con el inicio de los cambios corporales. Esas chicas reaccionan con demasiada ansiedad a lo que consideran pérdida de control. Existe la idea general de que es más fácil tratar la anorexia nerviosa que tiene un inicio temprano, por diferentes razones. La más importante es que el acto de autoafirmación, cuando ocurre tan pronto, significa que las chicas no quieren continuar viviendo en ese estado de aquiescencia total en el que se encuentran. Otra razón para la buena prognosis es que todavía viven en casa de sus padres y se puede llevar a cabo un tratamiento con toda la familia; así se puede interrumpir esa intensa relación que tienen con sus padres.

La anorexia se pone de manifiesto cuando las jóvenes tienen que enfrentarse a cambios o exigencias para los que no están preparadas. Esto es reconocible cuando la enfermedad conduce a una confrontación con una nueva situación, como por ejemplo trasladarse a un nuevo vecindario o abandonar el hogar. Puede que sea la primera vez que se encuentran solas y que tienen que ganarse una posición por méritos propios y están paralizadas por el miedo a ser incapaces de estar a la altura. Frecuentemente no saben lo que quieren o esperan. Esther expresó esa idea antes de dejar la universidad: «Lo que me fastidia es que no sé qué clase de chica debería ser. ¿Debo ser del tipo deportivo o del sofisticado, o una lectora empedernida?». No tenía una idea clara de lo que le gustaría ser, de cómo expresar su propia personalidad.

Faith ha estado muy unida a su madre y abuelos y a la edad de 10 años la enviaron a una campamento de verano porque querían que aprendiese a ser independiente. Allí fue intensamente infeliz, se sintió demasiado gordita y rara y no quiso tomar parte en las actividades comunes. Sus padres tenían confianza en que el campamento acabaría por gustarle, ejercitaría algunos deportes y haría nuevos amigos, pero no fue así. Perdió peso, lo cual se consideraba deseable, pero siguió perdiéndolo cuando regresó a casa, se deprimió y se volvió más y más exigente. Comía muy poco y nunca estaba quieta, siempre corriendo de aquí para allá. En cuatro meses su peso bajó de 41 a 29 kg.

La acusación recurrente de Faith contra su madre era: «Si me pongo bien no me querrás más, no me prestarás atención». En realidad, la madre le había prestado demasiada atención. Lo que necesitaba era más contacto con su padre y los otros miembros de la familia. Después de varias sesiones, las cosas empezaron a mejorar y Faith fue ganando peso gradualmente. Varias hechos ocurrieron durante el año precedente. Empezó a menstruar, lo que odiaba; entró en una escuela de secundaria a la que no se adaptó y no se llevó bien con sus compañeros de clase, a los que calificaba de maleducados. Además, su hermano mayor dejó el hogar para ir a la universidad. Esto renovó su viejo temor a perder su lugar en casa, a quedarse sola porque no la iban a querer más. Faith era capaz de reconocer que no podía seguir dependiendo de su madre, aunque rechazaba llevar a cabo más acciones independientes. Así que cambió a una escuela más pequeña, donde sentía menos presión social y sexual. Al final, aceptó la necesidad de seguir una terapia intensiva.

En el caso de Grace, el temor al desarrollo biológico precipitó el período anoréxico. Era la más joven de tres hermanas y las otras dos habían empezado a menstruar cuando tenían 11 años. La hermana más cercana en edad tenía un peso considerable y la solían criticar por no tener fuerza de voluntad para seguir una dieta. Grace pesaba 50 kg justo antes de cumplir 11 años; era más alta que la mayoría de sus compañeras de clase y no conocía a ninguna otra que ya tuviese el período. Se asustó mucho cuando vio las primeras manchas de sangre porque sabía que era el anticipo de la menstruación y se sintió incapaz de afrontar las responsabilidades que eso conllevaba. Tenía miedo de que se riesen de ella, de oler o de manchar la ropa. Quería posponer este acontecimiento hasta que tuviese 14 o 15 años. Después de ver una película sobre maduración sexual en la escuela, decidió hacer algo para evitar el proceso. Perdió 12 kg en seis semanas y los signos puberales desaparecieron; finalmente, no empezaría a menstruar hasta dos años más tarde. (Debe notarse que la anorexia detiene la menstruación en *todos* los casos.)

Bastante a menudo, los cambios físicos propios de la pubertad son los que precipitan el deseo de adelgazar. El desarrollo normal es interpretado como «gordura». Cualquiera que sea la crítica exterior que hagan a su cuerpo, la mayor ansiedad la provoca el hecho de pensar que con la edad adulta se requerirá de ellas una conducta independiente. Muchos investigadores han dicho que las anoréxicas expresan el miedo a ser adultas. A lo que tienen miedo realmente es a ser adolescentes.

Hazel fue una chica popular durante su adolescencia temprana e incluso bastante seductora. Un día oyó que su padre decía: «¿Va a convertirse ahora en una adolescente?», lo que a ella le sonó como un reproche, como si él la pudiese rechazar por eso. Existían razones para que Hazel pensase así. Una medio hermana suya, mayor que ella, había sido con anterioridad la niña de los ojos de su padre, pero al llegar a la adolescencia algo sucedió y cayó en desgracia. Para Hazel, que no conocía los detalles del incidente, adolescencia equivalía a pérdida del cariño paterno y retirada de todo acto social. Ella quería merecer todo el amor y admiración de su padre, tanto por sus resultados académicos como deportivos, y empezó a comer cada vez menos. Para Hazel, el tema era que la mente era más fuerte que el cuerpo, literalmente. Se decía: «Cuando eres infeliz y no sabes cómo lograr algo bueno, si controlas tu cuerpo consigues un logro supremo. Haces de tu cuerpo tu reino, donde tú eres el tirano, el dictador absoluto». Bajo esta perspectiva, no claudicar ante las exigencias del cuerpo se convierte en la virtud más importante. Lo más elevado, pues, es negar la comida. El hecho de tolerar el dolor del hambre, tolerarlo una hora más, posponer cualquier pequeña cantidad de comida hasta el punto de sentir el hambre extremo se convierte en un signo de victoria. Esto les conduce a sentir un orgullo secreto y un sentido de superioridad con el que las anoréxicas se relacionan con el mundo.

No pasar hambre no es la única exigencia del cuerpo que estas chicas se niegan a sí mismas: no claudicar ante la fatiga también les da una recompensa. Nadar una piscina más, correr un kilómetro más, hacer ejercicios atléticos con más pasión, todo se convierte en un símbolo de victoria sobre el cuerpo. No llevar abrigo en invierno o nadar en agua helada tiene un gran valor por la misma razón, aunque uno de los efectos colaterales de la inanición es la ausencia de la sensación de frío. El cuerpo y sus necesidades han de ser subyugados todos los días, todas las horas, todos los minutos.

Irene tenía miedo de convertirse en adolescente, no de madurar. Ella deseaba poder ir a dormir —como la Bella Durmiente— y después despertar como adulta a la edad de 20 años. Irene había sido una niña solitaria y sus padres le habían dicho que sería mucho más feliz de adolescente, que los chicos le admirarían y que saldría con ellos. Para ella, esos comentarios no eran una buena noticia, sino un motivo de preocupación y estaba dispuesta a no hacer algunas cosas de las que sus padres le habían hablado. Siempre había sentido que sus padres consideraban que todo lo que ella hacía era el producto del esfuerzo paterno. Podía ver que ellos la esperarían cada noche simulando ser felices, pero en el fondo sintiéndose preocupados. Insistirían en que les contase, con todos los detalles, qué había hecho; para ella, el constante parloteo de sus padres acerca de la excitante vida de una adolescente tenía un carácter lascivo: querían que experimentase en su vida lo que ellos se habían perdido. En vez de un paso hacia la libertad, temía que se ligase aún más a ellos. Así que se mantuvo alejada de las actividades de los adolescentes. Rechazó ir a las fiestas organizadas por la escuela, aunque estaba interesada en el baile como forma de expresión artística. En la escuela para chicas en la que estudiaba sólo se relacionaba con las más estudiosas. No tuvo citas, no se interesó en tener ninguna y ni siquiera hablaba con las chicas a quienes les gustaba tenerlas.

Como niña, Irene no había estado nunca preocupada por el peso. Cuando tenía 11 años, varias chicas de su clase hablaban sobre dietas, cosa que le parecía extraña porque para ella estas chicas estaban bien; se sintió afortunada con su figura. Sin embargo, una año más tarde, cuando empezó a mostrar los primeros signos de la pubertad, su pediatra le hizo algún comentario acerca de que estaba demasiado llenita. Irene empezó una rigurosa dieta, de manera que se mantenía por debajo de los 43 kg; aunque seguía creciendo, no menstruaba. A la edad de 15 años, durante un período de problemas entre sus padres y un incidente con una amiga suya, empezó a privarse de comida y perdió una enorme cantidad de peso; procuraba estar tan delgada como fuera posible y se odiaba a sí misma por ganar unos pocos gramos.

Joyce también fue muy explícita a la hora de expresar su miedo a ser una adolescente. Aunque tenía hermanas mayores, creció como si fuera hija única y sentía que la relación con sus padres era muy especial, tan estrecha que no querrían que tuviese intereses fuera de casa. A la edad de 11 o 12 años acudió a clases de baile y uno de los chicos se fijó en ella. A ella le gustaba el muchacho, pero le dio mucha vergüenza cuando las otras chicas le tomaron el pelo sobre el tema, especialmente porque su madre estaba presente. A pesar de todo, el chico insistía y le pidió que le acompañase a ver una película. Joyce se encontraba en un dilema porque, por un lado, quería salir con él, pero, por otro, no quería tener que decirles a sus padres que iba a quedar con un chico. Estaba convencida de que no estarían de acuerdo o, peor, de que dirían que sí lo estaban sin parecerles bien por dentro. La jovencita pasó horas intentando tomar una decisión y finalmente el chico fue a buscarla, pero ella se negó a ir con él. Nunca le contó a sus padres nada sobre esa invitación.

La agonía de esa indecisión fue tan grande que decidió no enfrentarse a algo así nunca más y, desde entonces, dijo que no a cualquier joven que se le aproximó. Su madre estaba preocupada, incluso antes de que se produjese la pérdida de peso, por el hecho de que su hija no tomase parte en actividades sociales. Joyce temía que cualquier cita provocase los chismorreos de sus amigas. Vivía con la regla de no atraer la atención en absoluto porque la idea de que hablasen de ella a sus espaldas era demasiado dolorosa. Por su actitud, se hubiera dicho que vivía en un pueblo puritano, donde todo el mundo está alerta de cualquier novedad para explicarla al vecino y donde un ligero error conduce a la vergüenza pública. Todos sus miedos fueron confirmados con la lectura del libro *La letra escarlata*.

A Joyce también le preocupaba ver los cambios que sufría su cuerpo. Desde la niñez, sintió que no era «bonito» tener el cuerpo de una mujer, que los tejidos se hinchasen y todo eso. Su madre tenía unos 40 años cuando ella nació y no se acordaba del aspecto de sus hermanas cuando eran adolescentes. Para prevenir las carnes caídas de la edad madura, decidió evitar las curvas de la adolescencia. Quería tener un cuerpo tan en forma como pudiese, lo que significaba estar delgada. Adelgazó hasta los 35 kg y se sentía extraordinariamente orgullosa por estar tan delgada, sin una sola curva, y por haberlo conseguido ella sola.

En realidad, Joyce reconocía que sus ideas no eran normales y evitaba hablar de ellas. Sólo después de alcanzar un claro progreso en el tratamiento decidió hablar abiertamente de la preocupación por su cuerpo, de cómo se sentía acerca del desarrollo de la adolescencia. «Hay gente que tiene el estómago plano; eso es lo que yo estoy intentando lograr, pero me temo que mi constitución no es así. Mi estómago es mi talón de Aquiles. Estoy estancada en él y forzada a admitir algo que he intentado negar durante mucho tiempo. Es mi destino. He intentado controlar mi cuerpo, tenerlo a mi manera, pero he de aceptar el hecho de que no puede ser. Tendré que parecer lo que no quiero parecer.»

Existen diferencias individuales en el grado en que esas jóvenes se consideran incapaces de afrontar los problemas de la adolescencia. Muchas están preocupadas por no ser capaces de tratar a los demás en igualdad de condiciones o por el hecho de que se las tome por chicas poco independientes. En los últimos años he visto a varias pacientes que, para probar su competencia social, insistían en llevar a cabo retos demasiado grandes para ellas, como viajar solas al extranjero a la edad de 16 años y cosas por el estilo. Para muchas, esa búsqueda forzada de independencia precipita directamente la enfermedad; comprueban que siguen solas y deprimidas y se sienten aisladas de los demás.

Kathy decidió ir a una prestigiosa escuela del este de Estados Unidos y no sólo sufrió por la separación del hogar, sino que además le fueron mal los estudios, con lo que acabó sintiéndose una fracasada. Hasta entonces había estado convencida de que era «la hija perfecta para los padres perfectos», que podía hacerlo todo perfectamente bien. Había sido una alumna destacada en una escuela del Medio Oeste de Estados Unidos, pero con este descalabro en los estudios pensaba que quedaba al descubierto su fracaso. Tenía el deseo de ser una niña de nuevo en relación con sus padres. Con 1,65 m de estatura, sentía el deseo imparable de «ser pequeña», de manera que pudiese confiar completamente en sus padres, para que cuidasen de ella por entero. Kathy se convenció, cuando su peso bajó, de que era pequeña de nuevo. Su hermana menor vigilaba su desarrollo con sorpresa y lo resumió así: «Se come toda la atención» —y eso es lo que Kathy quería: la atención exclusiva de sus padres—. Antes de partir, ella había sido la confidente de su madre y pensaba que mantenía a sus padres juntos. Temía que se separarían si no les ayudaba a resolver sus problemas. Ahora sentía que su enfermedad los podría mantener unidos, una idea expresada por muchas anoréxicas que piensan que su enfermedad, el hecho de estar tan delgadas, esa necesidad de protección, es una forma de asegurarse amor y cuidados eternos por parte de sus padres.

Algunas piensan que yendo a la universidad conseguirán ser más independientes, libres de la supervisión de sus familias. Linda sintió que había sucedido exactamente lo opuesto; en cierta manera, había recreado su hogar en la universidad, seguía los mismos horarios e intentaba imitar su actividad social. De esa manera, se sintió completamente desplazada y, después de la drástica pérdida de peso, pasó el año siguiente en casa, en una universidad local.

Mientras estaba en tratamiento, unos dos años más tarde de lo que acabamos de relatar, tuvo la fantasía de que se iba a Francia y lo dejaba todo. «Era como un adiós definitivo, como si me fuera a vivir sola a Europa para siempre. Una amiga mía de la escuela estaba pensando en ir y me preguntó: "¿Dónde vas a vivir?". Y yo sentí que ella estaría en una parte del mundo y yo en otra. Sabía, a pesar de su pregunta, que nunca iba a venir a visitarme.» Las dos se conocían de la escuela secundaria y ambas destacaban por sus éxitos académicos. Ahora, Linda se daba cuenta de que no sólo había echado de menos a sus padres, sino también a sus antiguas amigas de la infancia. Durante la enfermedad anoréxica, dejó de frecuentar ese círculo de amistades que estaba dejando atrás con su niñez. Era como una expatriada, condenada al aislamiento y la soledad. Sentía terror ante la idea de que algo de lo que había formado parte se venía abajo y que a partir de ahora dependía totalmente de sí misma.

Los cambios en las exigencias externas y en la familia o la ausencia de los cambios necesarios parecen ser factores comunes en todas estas pacientes. En tres familias, las madres sufrieron una vasectomía varios años antes de que las hijas desarrollaran la anorexia. A partir de ahí, se convirtieron en personas que necesitaban los máximos cuidados. Esto condujo a la renovación de la dependencia (en un caso, lo pedía la madre, aunque los sentimientos de culpa de la hija la impelían a ello). Todo esto sucedía a una edad en que lo normal es que se produjese un proceso de emancipación y las chicas encontrasen otras fuentes de seguridad y afecto fuera de casa. Pero ellas se sentían ligadas a un deber sagrado para con sus madres: debían estar en casa y darles la protección que pensaban que su madre necesitaba.

Para varias pacientes, que eran las más jóvenes de sus hermanos, todo el escenario familiar cambió cuando los mayores salieron de casa para ir a la universidad. La infancia de Margo había sido dificultosa desde que sucedió ese hecho. Había intentado estar a la altura de los hermanos mayores, aunque también sentía que éstos cuidaban de ella por ser la «pequeña». Se relacionaba más estrechamente con su hermano más cercano en edad, tres años mayor. Tenía 15 años cuando él se fue a la universidad y, de repente, se encontró en casa con sus padres, a los cuales no conocía demasiado bien. Antes nunca se había dado cuenta de que había algo de tensión en el hogar y de que su madre no era completamente feliz. Margo se debatía entre su voluntad de acercarse a ella y cierta rebeldía ante la idea de que la hiciesen culpable del problema familiar o ante la obligación de unirse más a su madre. Las comidas eran especialmente difíciles. Antes, ella comía con sus hermanos; ahora, o tenía que comer con sus padres y verse expuesta a su tensión o debía comer sola. El momento de ir a la universidad se aproximaba y Margo se daba cuenta de que no estaba realmente preparada para ello. Con todos estos problemas, surgió la anorexia.

En otras chicas, la pubertad es el final del sueño secreto de crecer y convertirse en un chico, aunque muy pocas aceptan que hubiesen preferido nacer hombre. Algunas hablan de ello cuando empiezan a expresar su disgusto con el cuerpo femenino. Joyce siempre había jugado con un chico del vecindario antes de ir a la escuela. Aunque con vagos detalles, le parecía que su poca satisfacción con su cuerpo de mujer provenía de aquellos tiempos, en los que era más tempestuosa, hacía las cosas mejor y era mucho más independiente. Ahora piensa que su delgadez le hace parecer más un hombre. De hecho, quiere ser igual que un hombre, en particular para probar que tiene igual resistencia. Aunque sabe que no es tan fuerte como un varón, se empuja a sí misma para llegar a ese nivel físico, pero no le gusta la compañía de mujeres fuertes y eficientes porque es muy doloroso admitir su inferioridad. Eso es más fácil admitirlo frente a un hombre. La delgadez extrema es una manera de probar su fuerza. Es una manera de decir que puede lograr metas realmente difíciles. En la literatura de antaño se solía decir que un trauma sexual o amoroso podía ser la causa que precipita la enfermedad. En realidad, tales eventos pueden ir seguidos de una pérdida de peso histérica. Pero ese cuadro es diferente del de la anorexia, caracterizada por la evitación de cualquier encuentro sexual.

Aunque los acontecimientos exteriores o las experiencias interiores que disparan la anorexia varían mucho, en todos ellos se pueden observar características comunes. La «causa» que ellas refieren no suele ser realmente causal; representa sólo la necesidad o confrontación extra que hace que la insatisfacción sea insoportable. Con su manera de pensar infantil, las anoréxicas culpan a su cuerpo de su malestar e intentan resolver todos sus problemas cambiándolo a través de la inanición y las actividades agotadoras. Se culpan de sus defectos reales o imaginarios y hay, definitivamente, un elemento de autocastigo en la manera en que se niegan cualquier placer o comodidad.

En otras chicas se advierte que toda la enfermedad es un esfuerzo para detener y revertir el tiempo; no para crecer, sino para volver a la infancia. Algunas lo expresan directamente. Aunque son conscientes de que fueron educadas de manera que no pueden avanzar en la vida, a menudo quieren recrear esa situación infantil. Existían defectos sutiles en las pautas de su interacción familiar, pero también había amor y calidez. Norma, que había estado muy unida a su madre y se mostraba bastante insegura con sus amigas, sentía que la vida en el hogar estaba libre de ansiedades. «Percibía frecuentemente la intimidad como una esfera redonda y acogedora que me envolvía. Era una experiencia en la que no había ni miedo ni ansiedad.» Aun así, sabía que ese maravilloso afecto la había incapacitado para vivir fuera de la familia: «Esta manera de sentir la *calidez* familiar era básicamente asocial: yo con mi familia y los amigos de mis padres». Incluso comparó esa vida acogedora con el Jardín del Edén de la Biblia. La manera en que había llegado a la anorexia a la edad de 16 años era como la creación por parte de los diablos del pandemónium del infierno, tal y como se describía en *El paraíso perdido* de Milton.

Ellos intentaron construirla a su manera, pero aquella ciudad no era más que una parodia del Cielo. Habían perdido el Cielo y querían recuperarlo. No querían crear una parodia; sólo querían *escapar* del sufrimiento, no construir su sede. Su ciudad era materialmente bella —con ricos minerales y joyas, con elaborada artesanía— pero como les faltaba el espíritu del Cielo, el resultado era un tanto grotesco, absurdo y trágico.

De la misma manera, yo quería evitar la ansiedad, el vacío, la desconexión, el sufrimiento. La anorexia nerviosa no busca más sufrimiento; es un intento de recuperar, desde una posición ventajosa, el Edén; con el dolor que una siente, con el frío escalofriante, la calidez se hace real y maravillosa de nuevo. La comida es deliciosa y gratificante. Todo se convierte en ordenado, organizado y se puede fantasear sobre ello de manera calmada. No es que quisiese ser una niña de nuevo; es que quería *sentirme* como me sentía cuando era una niña con una vida asocial, centrada sólo en casa.

5

La actitud anoréxica

Casi todo el mundo sabe cómo son las dietas: el entusiasmo del inicio, lo deprimente de la autonegación continuada y el alivio al abandonarlas. Las anoréxicas son diferentes: ellas siguen y siguen. Cuanto más persisten en la dieta, más anormales se vuelven sus reacciones y pensamientos. Cualquier violación de sus rígidas normas les hace sentir culpables por haber sucumbido a las vulgares necesidades del cuerpo y se condenan a una inanición aún más rígida.

Incluso en la actualidad, se sabe muy poco de cómo se pasa de una dieta normal a esa fijación autodestructiva e inflexible que es la anorexia. Durante la fase inicial nunca acuden al médico. Las pacientes más «frescas» ya han perdido de 6 a 9 kg y llevan haciendo dieta de tres a cuatro meses —suficiente para haberse producido la transición de la que hablábamos—, aunque, por supuesto, son menos rígidas que las que llevan años ancladas en el problema. Preguntar a esas pacientes recientes por sus sentimientos no ayuda mucho porque están tan ansiosas y se muestran tan a la defensiva que negarán cualquier cosa inusual que exista en sus vidas. Lo que he aprendido de la actitud anoréxica lo sé gracias a las pacientes ya recuperadas, las que no se preocupan más por la dieta; están

97

preparadas para hablar con sinceridad acerca de sus experiencias: aunque las recuerdan perfectamente, ahora las consideran extrañas e incomprensibles.

Todas están de acuerdo en que, al principio, sólo se trataba de un juego para perder unos kilos, aunque no estuviesen gordas. Reconocer esto como inusual es difícil porque sucede a una edad en la que las chicas tienen nociones muy concretas acerca de lo que significa cambiar: del estilo *hippie* pasan a la superelegancia, del cabello corto al largo, de la seriedad a la «vida alegre». Es un período de sus vidas en el que tienden a sentirse solas o excluidas, sin valor. La primera cosa que les hace insistir en seguir la dieta es que la gente a su alrededor se preocupa por ellas. Les halaga que, de repente, aquellos que las han dejado un poco de lado se fijen en ellas. Recuerdo una chica que llegó a estar celosa de una muñeca porque sentía que su madre mostraba más afecto hacia ésta del que ella jamás había recibido, y otra que pensaba que su padre prestaba más atención al perro que a ella.

La verdadera diferencia está en el extraordinario orgullo y placer que encuentran en hacer algo tan duro. De repente les resulta fácil y tienen la convicción de que pueden seguir así para siempre; en poco tiempo, ese sentimiento se convierte en «Disfruto estando hambrienta». De ahora en adelante, ya no se tratará de una dieta normal; los efectos secundarios de la dieta aparecen en escena y las sensaciones corporales se transforman. Como describía una chica: «Cuando se convierte en un placer, entonces sucede algo. Una se siente intoxicada, exactamente como sucede con el alcoholismo». La mayoría de las anoréxicas experimenta una agudeza sensitiva que, al principio, es maravillosa. Están convencidas de que están viviendo algo muy especial. A medida que el tiempo pasa, esta hiperagudeza se va convirtiendo en algo molesto y sirve para ex-

98

cluirlas aún más de la vida ordinaria. Muchas se quejan, a medida que mejoran, de que las flores ya no son tan brillantes como antes o de que las formas de las hojas y las nubes no son tan estimulantes.

A medida que la inanición continúa, se desarrollan nuevos síntomas y actitudes que ellas integran en sus experiencias y reacciones. A diferencia de la hiperagudeza y también de algunos aspectos de su sentido alterado del tiempo (que está relacionado con la inanición), la mayoría de los nuevos síntomas tiene una historia que se ha ido desarrollando poco a poco. El desarrollo del estado anoréxico no tiene lugar de manera repentina o automática; exige una atención activa de su víctima a cada hora. No se trata de un hábito que no pueden romper. Para mantener ese estado se requiere esfuerzo, sufrimiento y trabajo diario. Ellas luchan a fondo para cambiar, negar y confundir la evidencia de sus sentidos. Algunos de estos cambios son fruto de la experiencia del hambre; muchos otros aspectos están relacionados con la inmadurez de la conceptualización personal y social, que ahora adquiere protagonismo y se usa en el esfuerzo por cambiar las realidades de la vida.

Cuanto más larga es la enfermedad y más peso se pierde, las anoréxicas se convencen más de que son especiales y diferentes, de que ser tan delgadas las convierte en seres destacados, extraordinarios y excéntricos; cada una tiene una palabra propia para describir el estado de superioridad por el que lucha. Después, sienten que no son capaces de comunicarse con la gente ordinaria, que no las puede entender.

Ese incremento del aislamiento tiene la peor influencia en el desarrollo trágico de la enfermedad. Privadas de experiencias correctivas, en particular del contacto con chicas de su edad durante un período importante de su adolescencia, se aíslan completamente y sólo piensan en el peso y la comida. Su pensamiento y objetivos se vuelven extraños y construyen ideas raras acerca de lo que sucede con la comida. Los pensamientos sobre la comida acaban invadiendo toda su capacidad intelectiva. Cada vez dedican más tiempo a sus tareas académicas debido a su urgente necesidad de ser superiores en todas las facetas, pero no se pueden concentrar porque la comida ha invadido su mente.

Muchas muestran un creciente interés por la cocina. Parece ser que en esto entra en juego un factor sociológico. En los hogares de clase media, en los que la madre se encarga de la cocina, la hija anoréxica adopta ese papel: cocina para toda la familia, hace galletas y pasteles e incluso fuerza a los demás a comer, pero mantiene en secreto su dieta. En los hogares de clase alta, en los que no cocina la madre, suelen comprar cantidades excesivas de verduras y otros alimentos que nunca cocinarán. En una de esas casas, el padre evitó un conflicto entre el cocinero y la hija construyendo una cocina especial para esta última.

La madre de Opal murió cuando ésta tenía 10 años de edad. A los 13 quiso ir a un internado, pero allí no se relacionaba con sus compañeras porque sólo hablaban de chicos. Ganó algo de peso durante aquel año, pero no tuvo problemas para adelgazar al volver a casa. Sin embargo, descubrió que sus amigas de siempre habían cambiado. También estaban demasiado interesadas en los chicos; intentó hacer lo que hacían las demás y tuvo un par de citas, pero como no le gustaron nada renunció a todo contacto social. Su interés excesivo por las dietas empezó cuando cumplió 15 años. Desde entonces, su vida se centró en mantener el control. Después de una fase inicial de rígida restricción, estuvo aterrorizada por su necesidad de comer. Desarrolló un método refinado de control que consistió en convertirse en una cocinera de primera. Al principio usó esta nueva habilidad para seguir en contacto con sus antiguas amigas, que admiraban su cocina, pero, al margen de aquello, no tenía nada de que hablar con ellas. Opal acabó finalmente la escuela secundaria con un peso de alrededor de 30 kg y fue a la universidad, pero una vez más no supo adaptarse a sus nuevas amigas. Dejó el campus y volvió al hogar, cada vez más aislada.

Pasar tiempo cocinando le hizo sentir menos deprimida y ansiosa. Opal y su padre viven en una gran casa que dirigen una gobernanta y un cocinero. Para ayudarla a superar su ansiedad, el padre de Opal le hizo una cocina especial en un anexo que contenía un pequeño comedor y una librería para libros de cocina. Acumuló más de mil volúmenes, muchos de ellos selectos libros especializados en cocina inglesa. La rutina que desarrolló la liberaba un tanto de la ansiedad y a la edad de 20 años acudió a la consulta porque su búnker particular (la cocina) ya no le funcionaba. Estaba en tratamiento y tenía una buena amistad con su terapeuta, pero nada cambiaba. Después de las sesiones solía ir a comprar a los mercados del centro, a veces durante horas, para encontrar los ingredientes exactos. Después preparaba sus comidas de *gourmet* en la cocina, la cual estaba equipada con los mejores y más modernos electrodomésticos. Esto le podía llevar horas. Raramente empezaba a comer antes de medianoche y durante el día estudiaba sus libros de cocina para pensar un nuevo menú. Sin embargo, por despacio que comiese y por mucho que intentase retenerse, aumentó gradualmente hasta alcanzar los 40 kg. Aunque ella sabía que ese peso aún estaba por debajo de lo normal, todavía le perseguía el miedo a estar gorda.

Mientras la tratábamos salieron a la luz ciertos rasgos. Por ejemplo, no podía soportar la idea de que le sugiriesen nada, aunque ella misma reconocía estar confusa sobre lo que quería. Uno de los temas que le preocupaban era el hecho de que hay

101

muy pocas cosas en la vida en las que está segura de que nadie le influirá. Por ejemplo, estar delgada, su exquisita cocina y comer poco eran cosas que ella quería hacer de verdad; ahora ya no está muy segura de ello. A medida que transcurría la terapia, fue cambiando de opinión. Una de las cosas que le reforzó en sus obsesiones fue que su padre le construyese la cocina, pero ahora ella sabe que él está desesperado con su aislamiento. Antes de que acabásemos la terapia, Opal quiso abandonar el tratamiento y amenazó con suicidarse si seguíamos. Tuvimos que terminar antes de haber clarificado importantes temas.

Las anoréxicas insisten en que no pueden «ver» cuán delgadas están, en que toda la preocupación que muestran los demás no es realista porque ellas están bien, tienen buen aspecto, justo el que quieren tener; incluso dicen que están muy gordas. Este síntoma característico, la distorsión de la imagen corporal, también ha necesitado entrenamiento para autoengañarse. Practican mirándose al espejo, una y otra vez, y están orgullosas de cada kilo que pierden y cada hueso que se les ve. Cuanto más orgullosas estén de ello, más convencida será la afirmación de que están bien.

Ocasionalmente, obtenemos información de cómo se ven las anoréxicas antes de la enfermedad. Varias de mis pacientes estaban muy seguras porque antes se sentían perfectamente bien acerca de sus cuerpos, contentas de tener buen tipo, esbelto y elegante. Algunas recordaban que se sorprendían cuando las otras chicas expresaban preocupación por su propio peso y hacían cosas tan locas como privarse de comidas o de los postres. Pero al poco tiempo, cuando por cualquier razón empezaban su ritual anoréxico, de repente se veían de manera diferente.

Bert pesaba 81 kg a la edad de 15 años, cuando decidió empezar una dieta rigurosa. También inició un programa de deportes: empezó a nadar con frecuencia y a participar en actividades que antes había evitado. Estaba muy orgulloso de tener tanta fuerza de voluntad, demostrándoles a todos, especialmente a su madre, que podía seguir una dieta. Seis meses más tarde, cuando su peso había bajado a 57 kg y todos lo admiraban y le decían que tenía buen aspecto, algo sucedió: ya no podía discernir qué aspecto tenía. Hasta entonces había visto cómo menguaba su talla y se daba cuenta de que bajaba de peso semana tras semana. Ahora, de repente, temía volver a engordar de nuevo y, de hecho, ya se veía más grueso, aunque la balanza decía lo contrario. Ante esa situación decidió recortar drásticamente su dieta y dejar de pesarse en la báscula. Bert afirma que «se veía» engordar. Cuatro meses más tarde fue ingresado en un hospital porque sólo pesaba 40 kg.

Esta desaforada preocupación por el peso parece formar parte de esa voluntad de los anoréxicos por hacer lo imposible, de ese orgullo por ser superespecial. Se adoctrinan a la fuerza para ver el mundo de otra manera. No sólo aumentan el tamaño de su cuerpo en fotografías y espejos, sino que, a veces y para experimentar, aumentan el peso de los demás y la longitud de distancias abstractas. Existe un paralelismo entre la gravedad de la enfermedad y el grado de incapacidad para ajustarse a la realidad que ven. Cuanto más deformadas ven las cosas, más difícil será el tratamiento. Lo mismo se observa clínicamente. Cuanto más grande es la necesidad de autoengaño, menos preparado está el paciente para reexaminar sus valores y las concepciones con las que opera. Este autoengaño sirve de protección contra una ansiedad mayor, la de no ser un individuo capaz de llevar su propia vida. Éste es otro factor que hace que la enfermedad se perpetúe. Si no hay interrupción, alguien que les ayude a ver el mundo de una manera mucho más real, la actitud anoréxica puede continuar durante años y acabar con la muerte (los datos que se han manejado hasta ahora hablan de una mortalidad del 10 %), pero con mucha más frecuencia quedan aislados o invalidados para llevar una vida normal.

Una vez se ha establecido el extraordinario orgullo en la apariencia esquelética, es muy difícil cambiar las cosas. El mayor orgullo de Patti es que en sus diez años de enfermedad anoréxica su peso no ha subido de 34 kg, a pesar de los repetidos esfuerzos que se han llevado a cabo para tratarla, todos interrumpidos antes de tiempo. Aceptó acudir a nuestra consulta, decidida a no pasar de los 34 kg, y se preparó de antemano y bajó hasta 28 kg. A regañadientes aceptó un programa de hiperalimentación intravenosa. Es curioso que a medida que ganaba peso cambiaba de actitud respecto a su cuerpo. Cuando estaba poco por debajo de los 32 kg, se levantaba todo el camisón para demostrar a cualquiera que estaba bien provista, que realmente estaba gorda, que no pasaba nada con su cuerpo. Después de ganar algunos kilos se transformó en una chica tímida, incluso gazmoña. Ella misma nos explicó que cuando no era más que piel y huesos no le importaba quién pudiese ver su cuerpo. Pero ahora que era voluptuosa (pesaba 34 kg) empezaba a sentirse como una mujer y no quería que le viesen con poca ropa.

A pesar de esta explicación, Patti no cambió su concepto de que su peso natural no debería ser mayor de 32 kg, aunque con el tratamiento hospitalario llegó hasta los 39 kg. Entonces repetía la frase de su padre de que debía pesar y menstruar como una mujer normal. Ella decía que eso ocurriría cuando pesase 40 kg. Se nos hizo evidente que parte de su lucha contra el hecho de ganar peso se debía a su antagonismo frente a la menstruación. Incluso después, cuando consiguió recuperar esa función y mantenerla durante años, nunca aceptó que la menstruación fuese algo natural en ella. Siempre la mantuvo como algo secreto, como si no existiera.

En lo más profundo de su ser pensaba que su padre no quería que ella pesase más de 32 kg porque él odiaba a las mujeres gordas. Después del incremento inicial, aprendió a manipular la alimentación intravenosa de manera que, por la noche, la desconectaba, con lo que sólo ganó 1,5 kg en los dos meses siguientes. Como ya había alcanzado los 40 kg, se quejaba de que estaba gorda y decía que no entendía cómo la balanza no indicaba todo el peso que tenía. En realidad estaba mucho más guapa, ya no parecía un esqueleto, tenía unas incipientes curvas y el cutis más terso. Lo siguiente fue ponerse unos cartelitos en la pared de la habitación que decían: «Me siento culpable cuando como algo, especialmente alimentos altos en calorías. Me siento sucia, baja y repulsiva después de comer. Cuando como normalmente, siento que como demasiado. Lloro para expresar esta culpa y me siento fatal conmigo misma». Repetía estas frases: «No como porque comer me hace ganar peso y no quiero ganar peso. Es decir, yo quiero comer, pero no ganar peso, de manera que pueda mantener mi aspecto esquelético. Tengo un miedo profundo a tener un cuerpo de mujer, redondo y desarrollado. Quiero estar delgada y tener buenos músculos. Podría estar esbelta, pero no más que eso». A medida que fue ganando peso se volvió más animada y activa. Como nos dijo una y otra vez que iba a comer normalmente, sin necesidad de la alimentación intravenosa, la pusimos a prueba. En una semana perdió 2,5 kg, pese a que ella decía que estaba comiendo y disfrutando de la comida, algo que los hechos contradecían.

Durante ese tiempo en el que acudió a la psicoterapia parecía querer comprenderse a sí misma. Siempre había sentido que complacer a su padre era su objetivo vital. Cuando vio que ya no podía cumplir con ese propósito, intentó escapar al estilo de vida anoréxico, lo cual ahora entiende que es una solución llena de trampas. Incluso piensa que su enfermedad es un engaño. Todavía llama a una parte de sí misma —la que le dice que adelgace y no coma— «la timadora», pero no puede apartarse de ese estilo de vida porque, si tuviese el peso normal, entonces tendría que volver a ser la sirviente fiel de su padre.

Yo intentaba ser la persona que mis padres querían que fuese o, al menos, la persona que yo creía que ellos querían que fuese. Quizás eran mis propios sentimientos los que decían que papá deseaba que fuese una buena estudiante, que tuviese los amigos correctos, ya que en realidad él nunca lo dijo abiertamente. Lo sentía dentro de mí. Era como la atmósfera o el aire que nos rodea. Era una presión que me imponía yo misma porque él nunca me pidió que estudiase. Lo hice lo mejor que pude, pero adivino que no fue suficiente. Fallé en todo, pero al menos, de ahora en adelante, intentaré sacar lo mejor de «mí» y espero que me quiera incluso si no puedo cumplir con todos sus deseos.

Patti expresó la misma idea en una pesadilla, uno de los pocos sueños que recordó durante su larga enfermedad. Era como si hubiese vuelto a la escuela secundaria y tenía que presentar un trabajo sobre un libro. De repente se dio cuenta de que no había leído el libro. Era una situación que le daba mucho pánico: ahora quedaba claro que no era tan buena estudiante como había hecho creer a todos, que en realidad no estaba interesada en la literatura ni en las otras asignaturas. Se había obligado a hacer todas aquellas cosas por su padre. Cuando se despertó, se sintió muy aliviada de haber acabado secundaria y la universidad, aunque admitió que se había obligado tanto a estudiar que ahora no se acordaba de nada; lo único que importaba era lo que su padre esperaba de ella.

Habló con angustia de lo anormal que era su vida actual; en vez de ser una hija adulta que vive en casa, había seguido siendo una niña, tan temerosa de las responsabilidades de la vida independiente como de ganar peso, convencida de que tenía que estar delgada. Sentía que no había tenido las experiencias necesarias para prepararse con objeto de afrontar la independencia. Algo parecido le pasaba a una paciente que necesitó tratamiento en un centro residencial y que, como estuvo internada bastante tiempo, pudo reexaminar sus ideas erróneas, madurar y hacerse más competente y así protegerse de una dieta destructiva.

Aquellos que enferman de anorexia y continúan con la enfermedad durante bastante tiempo desarrollan unas ideas falsas y unos sentimientos extraños acerca del cuerpo y sus funciones, como ya hemos visto. Estas ideas erróneas empiezan a desarrollarse poco después de iniciada la inanición, pero evolucionan y se vuelven más rígidas cuanto más tiempo dura la enfermedad en la paciente. Tal imaginería es sorprendente porque la mayoría de estos pacientes tiene una buena educación y suficientes conocimientos del cuerpo humano y sus funciones; incluso los hay que estudian biología, pero eso no les detiene en su tremenda fabulación. Saben que sus ideas no coinciden con lo que han estudiado, pero tanto su conducta como sus reacciones ya están dominadas por unas nociones fantásticas de lo que sucede con la comida. Una chica lo expresaba así: «Mi estómago es como una bolsa de papel; todo lo que pongo dentro se asienta ahí y me hace sentir llena». Esta chica era especialmente violenta a la hora de expulsar los alimentos del estómago; en varias ocasiones incluso se había llegado a herir por la violencia de sus vómitos. Otros pacientes relacionan los efectos de la comida con la calidad de la misma. Si comen comida basura o cualquier otra cosa que vaya contra su sistema de valores, están convencidos de que esto irá a lugares donde no quieren que se acumule la grasa. Sufren de la ansiedad persistente de que comer les estirará el estómago o lo hinchará; sólo se sienten relajados si tienen el estómago completamente plano.

En el pasado, esto se ha interpretado como miedo a quedarse embarazadas. Para mi grupo de pacientes, esto no era así; varias tenían fantasías de embarazo. Una chica de 17 años de edad, hospitalizada para protegerla de los violentos métodos que usaba para vomitar, estaba delirantemente preocupada por los «hinchazones» que le causaban sus músculos del estómago (era una buena deportista) y tuvo un sueño que la tranquilizó durante la primera noche que pasó en el hospital. Soñó que estaba embarazada y a punto de dar a luz. Tenía miedo al parto natural, pero así es como nació el niño y no le pareció nada desagradable.

Las pacientes anoréxicas que ceden a los atracones exagerados desarrollan unas nociones muy extrañas acerca de la comida, diferentes en cada caso, pero que tienen en común la convicción de que la comida que engullen les hará daño (o que no la pueden integrar) y, por lo tanto, tienen que expulsarla vomitando. Una vez se desarrolla este complejo de síntomas, la tendencia es que la enfermedad será más difícil de tratar. Para regurgitar sin problemas tienen que comer mucho. Las cantidades de dinero que se gastan en ello pueden ser exageradísimas. Cada una de ellas se especializa en un tipo de comida concreta: restaurantes de calidad, orgías de carne en casa, atracones nocturnos, comida basura en cantidades exageradas. Sea lo que sea, suelen remojarlo con mucha leche u otros líquidos para hacer más fácil el vómito.

Regurgitar se convierte también en un ritual muy individualizado; algunas tienen grandes dificultades para devolver la comida y pueden herirse con los esfuerzos que aplican para lograrlo. Otras tienen una gran facilidad y no necesitan ninguna estimulación. La mayoría usa algo blando para tocarse la garganta y provocar el reflejo de las náuseas. Al retirar la comida del cuerpo, el hambre vuelve, así que se pueden dar varios atracones en un solo día. Pueden invertir tanto tiempo en ello que ya no pueden hacer nada más.

La mayoría de los problemas aparece cuando tratan de librarse de los síntomas más problemáticos, de los cuales se sienten cada vez más avergonzadas. Si las cosas van bien y no sucede nada desequilibrante, pueden tener un día relajado y logran esperar hasta la hora de la cena. En la cena, comen mucho y vomitan después. Pero si algo marcha mal o si tienen demasiado tiempo libre, aparece el irresistible impulso de comer de nuevo y en exceso; después vienen los remordimientos y un nuevo atracón; todas las resoluciones para dejar esa conducta no sirven para nada.

Lo que empezó siendo una respuesta al hambre voraz se convierte en una manera de aliviar la tensión en general. Se desarrolla un ciclo vicioso. El miedo a no tener suficiente comida para darse una comilona y a no disponer de la privacidad para vomitar puede crear tanta tensión que todas las otras actividades son pospuestas hasta que se completa el ritual. Si por una u otra razón se pospone el vómito, el bulímico crónico completará el acto vomitando varias horas después, incluso cuando la mayoría de los alimentos ya ha dejado el estómago. La convicción de que la comida es sucia o desagradable es tan fuerte que sólo se sienten puros o liberados vaciando su cuerpo.

La ansiedad acerca del destino de la comida también puede provenir, en la práctica, de un ejercicio excesivo. Ruth, por ejemplo, sentía que la comida se distribuía por su cuerpo sin acumularse en ningún lugar especial si se mantenía muy activa. Sentía que mediante el ejercicio podía enviar la comida a los lugares deseados, lo cual llevaba a cabo nadando, como mínimo, 1 km diario. Durante muchos años usó laxantes bajo el principio de que «lo que entra debe salir»; también estaba convencida de que sus intestinos no podrían funcionar sin esa estimulación y empezó a sentir pánico los días que, por fuerza mayor, no se movía lo suficiente.

A largo plazo, las anoréxicas desarrollan una serie de síntomas para mantener la delgadez extrema. Tales síntomas son de distinta gravedad según cada persona. La afirmación típica «No tengo hambre, no necesito comer» es seguida de declaraciones de que el estómago no acepta más comida y de que la persona enferma cuando come..., etc. Todos los pacientes explican de una manera u otra su baja ingesta de alimentos: que no pueden comer más que un pequeño bocado, que «se sienten llenos». Estas explicaciones surgen incluso en los que se atiborran de comida en los momentos de hambre atroz, pero curiosamente también esgrimen que se sienten llenos con la mínima cantidad. Esto expresa también la convicción de que la mente puede hacer cualquier cosa; puede controlar el cuerpo de la manera que quiera. Cuestionar esto durante la fase aguda de la enfermedad despierta su oposición frontal; así es como se sienten y algunas llegarán a llorar por haberlas llamado mentirosas. De hecho, cuando ya no están preocupadas por mantener un peso anormalmente bajo, explican que sus acciones estuvieron guiadas por una especie de engaño.

Sophie estuvo aferrada a un peso extremadamente bajo durante años; cuando se hallaba en época de exámenes, bajo la presión del estudio, se permitía reducir el control sobre su obsesión y ganaba peso en un período corto de tiempo. Después de una reacción depresiva de breve duración, consiguió estar mucho más relajada y libre en su funcionamiento diario. En esta fase se le preguntó acerca de su continua afirmación de que estaba llena y respondió, encogiéndose de hombros: «Es mentira». Analizamos la cuestión y entonces nos describió cómo se entrenó para comer muy despacio y para estar atenta a sus sentimientos cuando comía (hasta el más mínimo detalle), de manera que encontró cómo decir, sinceramente, que se sentía llena.

Tania nos dio una explicación similar. Nos dijo que se había entrenado para sentirse llena. Comía, por ejemplo, un caramelito de chocolate muy despacio, lo mordisqueaba y se decía a sí misma que se llenaba el estómago por completo. Para ella era difícil explicar cómo aprendió a prestar tanta atención a las sensaciones del estómago; también para mí resultaba difícil entenderlo. Más tarde, durante el tratamiento, me confesó: «Te lavas el cerebro y, una vez empiezas a ir por el camino equivocado, te ciegas y no te das cuenta de lo que pasa. Haces algo que es diferente y te ciegas; no te das cuenta de lo que haces. Es una ceguera engañosa, pero es muy difícil dejar de hacerlo. Sólo lo dejas si reexaminas tus valores». Esa reevaluación es, por supuesto, el resultado de la exploración terapéutica de los autoengaños subyacentes, que son el tema central de la anorexia nerviosa.

El sentido del tiempo aparece siempre distorsionado, aunque de maneras distintas en cada caso. Ursula estaba continuamente metida en una prevención y una dilación. Sentía que debía estar delgada urgentemente, *ahora*, para evitar estar rellenita o tener barriga cuando fuese mayor (a los 40). Se saltaba la comida porque si no lo hacía, no se iba a sentir hambrienta a la hora de cenar, y comer si no estaba débil a causa del hambre iba en contra de sus principios. Aunque hablaba continuamente acerca de ganar peso, sabiendo que no podía pasar el resto de su vida con un cuerpo de niña, siempre se las arreglaba para perder lentamente el peso que había ganado durante varias hospitalizaciones. El problema era que nunca encontraba el momento correcto para empezar a comer.

Muy diferente era el concepto de tiempo que describía Vicky. Era bulímica y estaba en el punto en que esperaba todo el día el atracón de la noche. Aun así, se sentía muy infeliz porque no podía controlar otros excesos de comida durante el día. Su experiencia del tiempo era inusual; se movía a través del tiempo, lo cual le daba una sensación de inestabilidad muy desagradable, siempre confrontada con un futuro desconocido. Cuando el tiempo que tenía por delante era finito, unas pocas horas de actividad planificada, las cosas iban bien. Pero si tenía unas horas no definidas por delante, experimentaba una suerte de vacío y discontinuidad amenazante y ominosa. Se sentía como si se moviera a través de la oscuridad —con nada en medio— y la urgencia de comer la invadía. «La idea del hambre es que si, por lo que sea, no consigues ser capaz de encontrar comida, te quedarás sin ella durante un tiempo indefinido y, por lo tanto, *tienes* que comer ahora.» Después se llenaba con tanta comida como podía y luego vomitaba. El sentido distorsionado del tiempo estaba relacionado con su fracaso por sentir una estabilidad interna, como no tener un centro de gravedad interior.

Myra, una mujer de 35 años, había sido una devoradora compulsiva durante quince años y solía usar una imagen similar a la de Vicky para describir el vacío de su vida (que, según ella, era lo que le precipitaba el acceso a los vómitos). Alternaba los atracones con no comer nada de nada y su peso fluctuaba entre 36 y 72 kg. Myra confeccionaba, todos los días, listas de lo que tenía que hacer: «Protegerme contra lo que me atemoriza: los espacios en mi vida». Ella se daba cuenta de que esto estaba relacionado con su concepto de tiempo. «El tiempo es algo que hay superar. Es como un bosque denso que tengo que atravesar. Cuando hay espacios en ese bosque, no sé cómo atravesarlos y me da miedo, mucho miedo. Los espacios no definidos me asustan horriblemente. Me organizo la vida de manera que no tenga que lidiar con ello.» Cuando tenía tiempo libre corría hasta el restaurante más cercano para llenarse hasta arriba, por tarde que fuese. La sensación de «espacio» estaba asociada con el miedo a estar sola en casa, sin hacer nada. Sentarse y leer un libro o ver la televisión no la protegía contra la terrible sensación de un período de tiempo libre por delante.

Estas historias sobre la invalidación a largo plazo que sufrían estas mujeres ilustran que la anorexia nerviosa es una enfermedad tremendamente compleja, mucho más que una dieta que se ha vuelto obsesiva. Su inicio se halla en la participación pasiva del niño en la vida, que absorbe información del mundo sin integrar activamente nada. La relación con los padres es superficial aunque congenien; en realidad, es demasiado estrecha, sin la separación, individualización y diferenciación necesarias. Esta armonía se consigue a través de una excesiva conformidad por parte del niño, siempre accediendo a lo que desean de él, lo cual se consigue al precio de no encaminarlo hacia el desarrollo de una autonomía eficaz. Como en la infancia las cosas fueron bien, los padres esperan que prosiga este desarrollo «normal»; a medida que sus hijos se aproximan a la adolescencia, esperan de ellos una mayor «independencia», pero independencia tal y como los padres la entienden. Al revisar su idea de desarrollo, los padres dirán, en términos autoacusativos, que reconocen su error; que han fracasado a la hora de promover la independencia de su hijo.

Cuando la necesidad de autoafirmación positiva se hace inevitable para el niño, cuando la actitud de integración obligada ya no es apropiada, salen a la luz las profundas deficiencias de personalidad. La pérdida de peso cumple una función:

se obliga a los padres a volver a su papel protector y por primera vez la anoréxica experimenta que tiene el control. Muchas explican la razón de su enfermedad con la simple afirmación: «Si estuviese bien no estarían por mí» o «Ya no me querrían». La tragedia es que la atención que reclaman refuerza sus pautas anormales antiguas, haciendo que sea imposible el desarrollo de la auténtica independencia.

Cuanto más se prolonga la enfermedad, más aislados se vuelven estos pacientes, con lo cual se corre el riesgo de que sus cavilaciones ocupen toda su vida mental. Si no interrumpimos el estado anoréxico crónico, éste puede durar para siempre; he visto a mujeres con 40 y 50 años que defienden orgullosas sus figuras esqueléticas, repitiendo las mismas expresiones: no pueden comer porque están llenas. El cuadro se complica por el hecho de que el hambre produce una serie de desarreglos fisiológicos que hacen que la situación se perpetúe. El organismo hambriento es como un sistema cerrado que funciona indefinidamente a un nivel más reducido.

El hambre también tiene una importante influencia en el funcionamiento psicológico. Sin duda, ayuda a mantener los conceptos distorsionados con que operan las anoréxicas y la preocupación y cavilación acerca de la comida. Ninguna cantidad de razonamiento psicológico en psicoterapia ordinaria puede ser efectiva si las reacciones psicológicas básicas están determinadas por el estado de hambre. Para que el tratamiento sea efectivo, se deben buscar cambios en varias áreas: hay que mejorar la nutrición anormal; las pautas de interacción familiar deben clarificarse y desbloquearse; y, lo más importante, el esclavista concepto de sí mismas debe madurar. La psicoterapia debe ser ese proceso de aliento del desarrollo de la personalidad básica, de la liberación del estado de temor a no sentirse separada de la telaraña familiar.

6

La corrección del peso

Cuando Willa tenía 16 años, se pasó todo el verano sola en su pueblo natal. Había rechazado ir con sus padres a su casa de campo y no quiso ver a ninguno de sus amigos. En esa misma época, mientras hacía sus exámenes escolares aumentó de peso hasta los 45 kg. Luego pensó que podía estar más delgada y decidió bajar hasta los 40 kg. Había estado preocupada durante años con su peso y sabía que iba a ser difícil. Siempre había sufrido con las dietas. Para su sorpresa, se dio cuenta de que perder peso era fácil, tan fácil que incluso se asustó pensando que lo continuaría perdiendo. Al mismo tiempo, estaba encantada de que lo pudiese hacer tan fácilmente.

Willa estaba tan contenta con los resultados que redujo aún más su ingesta de comida y aprendió el truco de disfrutar de cada trozo de comida de manera exagerada. Sólo comía lo que le gustaba y en cantidades muy pequeñas. También inició un programa de ejercicio intensivo: caminaba o corría indefinidamente, seguía tablas gimnásticas por la noche y dormía cada vez menos. Empezó a hacer danza; aunque no tenía la fuerza suficiente para practicarla, estaba orgullosa de su fantástica extensión de pierna. Siguió perdiendo peso.

La vida familiar se deterioró porque habían constantes peleas en relación con la comida. Cada vez más débil, se dio cuenta de que algo iba mal; se estaba destruyendo a sí misma. Finalmente, quiso ingresar en un hospital. La idea que tenía era que allí le devolverían a la vida. «Me veía en una habitación blanca, en una cama blanca, tendida, y ellos me traerían comida sana.» En vez de eso, el dietista le preguntó qué quería comer y ella respondió que pasteles y helado, y eso fue lo que le trajeron, lo cual la decepcionó. Perdió más peso. Llegó a los 31 kg. Cuando le dijeron que la iban a alimentar por un tubo, al principio le gustó la idea; después oyó que ese procedimiento es muy desagradable. Estaba tan desesperada que empezó a comer compulsivamente. Como tenía libre acceso a la comida, siempre que se sentía ansiosa o tensa corría a la cocina y se embutía con dulces o helado. Pero le disgustaba que eso no fuese la comida sana y restauradora con la que había soñado. El personal del hospital no entendió su deseo de buena comida; simplemente, se alegraban de que estuviese ganando peso con rapidez. En menos de dos meses se le dio el alta con una «gran mejora»: pesaba 44 kg. Sus padres estaban muy contentos cuando volvió a casa; todo el mundo era feliz menos Willa. Sentía que había perdido el control de su ingesta de comida y continuaba atiborrándose en banquetes compulsivos para, después, vomitarlo todo.

Cuando después de dos semanas su peso bajó en 5 kg, la enviaron a otro hospital donde entró en un programa de modificación de conducta; cada día que no conseguía ganar el peso que le habían asignado se le alimentaba tres veces por un tubo. En tres meses su peso subió a 48 kg. De nuevo se le dio el alta tras «mejorar notablemente», aunque ella estaba muy deprimida, casi hasta el punto del suicidio. Había sido humillada; le habían hecho comer contra su voluntad una y otra vez.

Después la visitaba un médico que le controlaba el peso, pero ingenió la estrategia de comer grandes cantidades y beber líquidos antes de la consulta para vomitar inmediatamente después. Siguió en la escuela y se graduó con éxito, mientras realizaba muchas otras actividades. Un año más tarde, había bajado a 33 kg y se sentía profundamente infeliz.

Esta historia ilustra que el tratamiento de la anorexia nerviosa requiere de algo más que de inducir a aumentar de peso. La corrección del problema del peso debe formar parte de un enfoque integrado. Tanto la paciente como la familia deben ser informadas de que, a pesar de las apariencias, éste no es un problema relativo al peso o al apetito; el problema esencial tiene que ver con la falta de confianza y las dudas internas. Sin embargo, para ayudarlas, el cuerpo tiene que estar en una condición mínima. Generalmente, la paciente suele estar aterrorizada ante la idea de tener que ganar peso y es importante darle una explicación comprensible de por qué es importante hacerle comer para entender sus problemas psicológicos. También se le ha de asegurar que la dieta será gradual, que se prevendrá que gane peso demasiado rápido y llegue a estar gorda. El régimen autopermisivo totalmente indisciplinado que siguió Willa al principio fue antiterapéutico. De hecho, muchas otras chicas desarrollan esa ingesta compulsiva de comida, especialmente aquellas que han seguido un programa de modificación de conducta.

Desde que se describió por primera vez la enfermedad, aproximadamente hace un siglo, ha habido un continuo debate sobre cómo conseguir que coma un paciente que tiene la firme determinación de no hacerlo. También se ha estudiado qué comida hay que ofrecerles, cómo alimentarlos, dónde hacerlo y qué medicación usar. Los escritos sobre el tema suelen reflejar una frustración desesperada, un sentimiento de estar en una batalla de voluntades. Los principios psicológicos son sencillos: aumento de la ingesta de comida y descenso de la actividad. La cuestión es cómo persuadirlas, engañarlas, sobornarlas o forzarlas para hacer lo que están decididas a no hacer y cómo conseguir esos logros sin hacerles más daño psicológico.

Ha habido una gran controversia sobre los méritos de la hospitalización. La tradición dice que lo mejor es tratar a esas pacientes lejos de la familia. La decisión sobre lo que hay que hacer depende de muchas circunstancias individuales —la edad del paciente, la gravedad de la pérdida de peso, la situación física general, la duración de la enfermedad, el clima emocional del hogar y la calidad, experiencia y filosofía de tratamiento del hospital disponible—. La admisión en un centro donde no tengan experiencia con la anorexia nerviosa puede crear tantos problemas como los que se intentan resolver. El personal médico es tan inútil e incoherente en el trato con la falsedad y la astucia de estas pacientes como lo ha sido la familia y lo normal es que responda con ansiedad, frustración y rabia ante la conducta manipuladora de la paciente.

Esto sucede tanto en las unidades médicas como en las psiquiátricas. Al final, resulta que la estancia en el hospital puede caracterizarse por la misma situación de emergencia desesperada que condujo a la hospitalización. Muchas veces la paciente comerá y ganará peso sólo para salir del hospital y después lo perderá de nuevo. Si la enfermera de día consigue desarrollar la actitud adecuada frente a las necesidades de la paciente, suele suceder que la de noche es la que la amenaza para que siga sus instrucciones, con graves consecuencias si no lo hace. Por otro lado, si el médico y las enfermeras tienen experiencia y muestran la comprensión necesaria, la experiencia hospitalaria puede ser positiva, una ayuda directa para mejorar la salud de la enferma y también una interrupción de la tensión familiar, que habrá llegado, probablemente, al estado de pánico generalizado.

Se puede separar a las pacientes del entorno familiar de muchas maneras. Algunas jóvenes a las que he visitado estudiaban en internados. Las que no contaban con ayuda psiquiátrica tendían a empeorar. La escuela tampoco ofrece una cura; al contrario, muchas chicas llegan a la anorexia cuando la escuela constituye su primera separación del hogar. Por el contrario, para aquellas que seguían un tratamiento psiquiátrico, el dormitorio del colegio era un lugar adecuado para vivir. No es tan aislado como vivir sola en un apartamento; disponen de compañía cuando la necesitan, pero sin ser tan intrusiva como en la vida familiar. Si se encuentran con otra u otras anoréxicas en la residencia, se pueden desarrollar interesantes relaciones que, al principio, pueden ser de competencia. Pero a medida que van mejorando se suelen apoyar y ayudar, encontrando juntas maneras más interesantes e independientes de enfrentarse a la vida. Si las circunstancias son las correctas, la terapia de grupo también puede ser beneficiosa.

Con el progresivo declive de las fuerzas que conlleva la delgadez extrema, se hace absolutamente necesario el ingreso en un hospital como medida para salvar sus vidas. El peligro agudo de morir no sólo viene dado por la delgadez, sino también por los serios desequilibrios de los electrólitos, en particular en pacientes que suelen vomitar y tomar laxantes y diuréticos para mantener el peso bajo. Lo normal es que continúen con esos métodos incluso después de haber experimentado las desagradables consecuencias que se derivan de ello. En condiciones crónicas, se hace necesario tomar medidas heroicas para corregir el equilibrio electrólito a través de infusiones intravenosas.

Un ejemplo de pérdida de electrólitos y consiguiente amenaza vital es el caso de Yvonne, quien acudió para seguir tratamiento a la edad de 18 años. Vivía en una residencia universitaria y había estado enferma durante tres años, peleándose continuamente con su madre, que insistía en supervisarla para que comiese. Ella prometió que comería, ya que ahora podía seguir sus propias directrices. Era sincera cuando decía que creía que podía hacerlo sola, que iba a comer las cantidades necesarias.

Al principio hizo lo que había dicho, pero acabó con un dramático y casi fatal desenlace. Después de dos semanas había ganado 2 kg; le entró el pánico y empezó a tomar laxantes y diuréticos, con el resultado de que se deshidrató gravemente. La ingresaron en urgencias con un peso de 30 kg, con una condición circulatoria pobre y un nivel electrólito bajo. Le dieron soluciones intravenosas de electrólitos y glucosa; después recibió comida normal de hospital. Su internista le aconsejó que se quedase en el hospital hasta que alcanzara los 40 kg. A esto reaccionó con extrema ansiedad y protestó diciendo: «¿Quiere que me odie a mí misma?». Hasta entonces, su actitud frente al tratamiento psiquiátrico había sido condescendiente —no lo necesitaba realmente— pero accedía a cooperar. La experiencia de odio intenso hacia sí misma era como una entrada hacia una actitud más significativa con respecto al tratamiento. Incluso ella podía ver que una persona que se odia por ganar unos kilos debe de ser muy insegura y tener una opinión muy pobre de sí misma.

Experiencias aterradoras como ésa me han convencido de que el peso de un paciente debe estar siempre por encima del nivel de peligro antes de iniciar el tratamiento fuera del hospital. Si no es así, la propia ansiedad y preocupación del terapeuta interferirán con la efectividad de su trabajo y la continua preocupación del paciente por la comida, característica del estado de hambre, hará imposible la exploración de los factores dinámicos relevantes. Más aún, durante este extremo estado de hambre, las anoréxicas viven tan aisladas que las experiencias interpersonales que intentamos explorar con la psicoterapia están ausentes.

En cuanto al peso que vamos a intentar ganar, parece que existe un nivel crítico de peso por debajo del cual la influencia de la malnutrición mantiene un estado mental anormal. El peso crítico exacto varía y depende de la altura y constitución de la paciente. Normalmente está alrededor de los 43 kg. Aunque este peso todavía está por debajo del peso normal, es compatible con un funcionamiento psicológico normal y se puede empezar con la exploración de problemas relevantes. En mi consulta he atendido a muchas pacientes que han seguido un tratamiento ambulatorio, habitualmente de orientación psicoanalítica, durante cinco o seis años y mientras tanto se les permitía estar en un peso tan bajo como 27 o 28 kg. Normalmente, los problemas familiares estaban sin explorar. Aunque seguían bajo tratamiento, esas pacientes se deslizaban sin poder evitarlo al interior del triste estado de la anorexia nerviosa.

Bajo mi punto de vista, los programas de atención de estas pacientes los deberían conducir un internista o pediatra en colaboración conjunta con un psiquiatra. Esto es deseable por muchas razones; un factor importante es que, de otra manera, las pacientes enfrentarán a las dos figuras, tal y como suelen hacer con sus padres. El entendimiento mutuo entre el personal de enfermería y los nutricionistas es también esencial. Establecer el escenario en el que tiene lugar la realimentación es más importante que los detalles de la comida en sí. El tratamiento en el hogar sólo es posible cuando la ansiedad de los padres no es demasiado alta y si ellos también reciben tratamiento individualmente, en pareja o en terapia familiar. Tras una pérdida grave de peso, yo prefiero, sin duda, corregir éste en el servicio médico o pediátrico.

Muchas anoréxicas desarrollan una ansiedad enorme cuando se trata de ingerir comida sólida; se pasan horas comiendo cantidades ínfimas o rechazan comer directamente. A veces resulta útil prescribir preparados nutricionales ricos en proteínas y calorías que se pueden tomar en forma de fluidos y que pueden aportar de 1.400 a 1.800 calorías al día como ingesta básica. Ese suplemento nutricional debería ofrecerse con la explicación de que nos libera de la angustia de decidir cuándo, qué y cuánto comer; que en vez de tener que escoger, el paciente puede beber la cantidad prescrita en pequeñas dosis. Estos nutrientes también son útiles para el tratamiento hospitalario o ambulatorio. Además, se les debería ofrecer comida normal variada. Para ellas, tener que elegir qué deben comer es una tarea muy desagradable. Pueden pasarse horas escogiendo y acabarán con menús muy inadecuados. Escogerles el menú, con la debida consideración por sus gustos, resulta más efectivo. Todas afirman que deben «aprender» de nuevo qué y cuánto comer.

Antes, cuando una paciente se negaba tajantemente a comer, la única manera que se conocía de resolver la situación era introducirle la comida por un tubo, lo cual siempre se ha considerado un método penoso pero, muchas veces, la única manera de salvarle la vida. En su actitud autopunitiva, muchas anoréxicas aceptan este tipo de alimentación —algunas hasta lo piden— para así recibir alimento sin tener que sentirse culpables. Para otras es tranquilizador porque les hace sentir que el personal y el médico se preocupan por ella hasta el punto de tomarse la molestia de alimentarlas de esa forma.

Una nueva manera de ofrecer alimento al paciente incapaz de ingerir comida por la boca, por las razones que sea, ha surgido a partir de los cuidados postoperatorios actuales: la hiperalimentación intravenosa. Bajo ciertas circunstancias, ésta no sólo es útil en el tratamiento de la anorexia nerviosa, sino que además ha conseguido salvar muchas vidas. Se evitan todas las discusiones acerca de ingerir alimentos por la boca y se establece definitivamente que la mejora del pobre estado nutricional es un estricto problema médico. Con ello conseguimos esquivar el ocultamiento de la comida, los vómitos y demás trucos, aunque hay que decir que las anoréxicas también aprenden a interferir en esa introducción de fluidos. Pero la rápida corrección de la mala nutrición hace que las pacientes sean más accesibles a la psicoterapia. Se les debe ofrecer simultáneamente comida sólida para intentar reemplazar un sistema por otro de manera gradual. Antes de darle de alta, la paciente, ahora con un estado nutricional muy mejorado, debería ser capaz de mantener su peso gracias a una dieta natural escogida por ella.

Para escoger el sistema de realimentación se deben evaluar todas las necesidades de la situación. En el siguiente ejemplo se escogió la alimentación intravenosa por una cuestión de tiempo. Zandra había sido atendida en la consulta durante un período largo de tiempo; en los períodos en que estuvo hospitalizada ganó algo de peso, pero muy lentamente: sólo 7 kg en dos meses. En general, había respondido bien al tratamiento psicoterapéutico y ella misma había decidido que seguiría con él después de haber acabado la universidad. Sin embargo, mientras estudiaba lejos del hogar su peso cayó por debajo de los 36 kg. Ya habíamos observado antes que la malnutrición grave solía volverla muy rígida e interfería con la terapia. Ella misma aceptó la necesidad de una mejora nutricional y estuvo de acuerdo en ser hospitalizada para que la alimentasen intravenosamente. Zandra combinó la alimentación intravenosa con la ingesta normal y, en dos semanas, ganó casi 11 kg, sin quejas y sin depresión y mostrándose mucho más relajada y comunicativa. Admitía que se sentía más fuerte y alerta e incluso le gustó verse con una apariencia física más agradable.

A medida que aumentaba de peso, encontraba más sencillo comer de una forma normal; con el método intravenoso casi no hubo conflicto, mientras que antes cada ingesta era una lucha contra sus propios sentimientos de culpa. Empezó a hablar más abiertamente de su actitud contradictoria con respecto al peso y la comida, de cuán fuerte se había sentido al ser capaz de estar tan delgada. Durante un tiempo pareció que dejaba para siempre sus inhibiciones anteriores y mantuvo su peso durante varias semanas después de darse de alta. Después, hubo un descenso en el peso muy paulatino. Un año más tarde pesaba 41 kg. Sin embargo, durante ese período fue posible llevar a cabo un trabajo terapéutico constructivo y desarrolló gradualmente una actitud mucho más realista acerca de su cuerpo y sus necesidades físicas.

Aunque siempre se había mostrado muy cooperativa, Zandra había vivido con la convicción de que lo que decían los adultos, o la gente con autoridad, en realidad no importaba; sabía que, con respecto a ella, las cosas eran diferentes. Esto se aplicaba en particular a comer y a ganar peso. Durante el tratamiento dispusimos de períodos en los que estaba más relajada y llegaba a disfrutar de la comida de acuerdo con sus necesidades; entonces podía hablar abiertamente de su actitud. Nos decía que en su estado anoréxico se sentía segura, se había convencido de que su cuerpo no podía aceptar comida extra porque en su interior no quería estar gorda. Había adquirido un orgullo perverso en ser diferente, en ser capaz de hacer las cosas sin comer, pero no había hablado con nadie de eso porque hubiese parecido demasiado pretenciosa. Le daba vergüenza admitir que estaba orgullosa, como los que persiguen ser humildes, que están en peligro de no serlo cuando empiezan a enorgullecerse por haberlo logrado.

En este caso, la alimentación intravenosa interrumpió un ciclo regresivo; el progreso podría haber sido mucho más lento sin la mejora en el peso. Gracias a ello, tardamos sólo un año en que Zandra se volviera más permisiva (en sus palabras, «dejada» en relación consigo misma), un tiempo relativamente corto después de cerca de seis años de enfermedad anoréxica.

En los últimos años ha surgido un nuevo método que, según sus más entusiastas seguidores, ha revolucionado el tratamiento de esta enfermedad. Consigue incrementar el peso de la paciente y puede, asimismo, curar la enfermedad. Se llama modificación de conducta y descansa en la asunción de que el rechazo a la comida es una respuesta aprendida que debe ser modificada. Esto se logra mediante un sistema de recompensa y castigo. El aumento de peso se consigue gracias al «refuerzo positivo», que consiste en recompensar la actitud correcta permitiendo que la paciente lleve a cabo actividades deseadas. El fracaso en el proceso de ganar peso se desalienta haciendo que las cosas se pongan desagradables. En el caso de Willa, el día que no ganaba peso se le aplicaba la alimentación tubal tres veces. En la actualidad, es una práctica común poner a la paciente en una habitación individual sin teléfono, televisión ni miembros de la familia. A partir de ahí, se establecen «contratos» en los que cada ganancia en el peso se recompensa con el acceso a actividades deseables. Si la situación es suficientemente desagradable, el paciente hará todo lo necesario para salir del hospital.

Los que proponen la modificación de conducta sostienen que el método consigue que las pacientes aumenten de peso más rápidamente que con ningún otro método. En cierta manera, es infalible. Pero hay que tener en cuenta que este método puede provocar daños psicológicos colaterales muy serios. Su implacable eficiencia aumenta la confusión y la sensación de incapacidad de estas jóvenes, que se sienten obligadas a renunciar a los últimos vestigios de control sobre su cuerpo y sus vidas. He visto a muchas pacientes que eran dadas de alta, aunque en realidad estaban deprimidas, incluso al borde del suicidio, y habían desarrollado una glotonería compulsiva acompañada de vómitos. Cierto porcentaje de pacientes anoréxicas siempre han practicado las comilonas seguidas de vómitos. Esto parece ocurrir mucho más frecuentemente en aquellas personas expuestas a métodos coercitivos. Una vez que la comida compulsiva y los vómitos se han establecido como métodos para controlar el peso, suelen convertirse en síntomas autónomos difíciles de cambiar. A medida que pasa el tiempo, la mayoría de los pacientes se avergüenza mucho de su actitud, pero encuentra terriblemente difícil salir del círculo vicioso en el que se ha metido.

El entusiasmo por la modificación de conducta no es tan alto como lo era antes. Los seguimientos de las pacientes han demostrado que la ganancia en el peso muchas veces es transitoria. Los servicios que usan este método se han hecho selectivos y sólo aceptan pacientes que acuden «voluntariamente» y que firman un «contrato» para ganar peso. A veces se aplica la terapia de modificación de conducta junto a otros tipos de tratamiento, como el familiar. Es curioso ver que, en esos casos, los responsables de los programas son muy minuciosos al explicar los detalles de la modificación de conducta y, en cambio, sólo mencionan las otras terapias como si se tratase de algo adicional. Los enfoques más drásticos, como la alimentación por tubo como castigo por no ganar peso, ya están fuera de uso.

Los resultados del tratamiento se relacionan frecuentemente con la duración de la enfermedad. Si pacientes jóvenes con padres cooperativos, al inicio de la enfermedad, consiguen la restitución del peso normal y del funcionamiento social, se puede conseguir una recuperación total en poco tiempo. Si se dispone de los medios adecuados, la hospitalización para restaurar el peso adelantará la recuperación y hará más factible el trabajo con la familia. Todos estos factores deben ser integrados incluso en los casos leves y recientes. No es difícil conseguir un incremento del peso a corto plazo, pero ahí no deberá acabar el tratamiento. Dejar la intervención en ese punto podría ser, incluso, peor que no hacer nada. Por otro lado, no prestar atención al peso, como a veces hace la terapia psicoanalítica, permitiendo que el paciente llegue a niveles de hambruna total, es igualmente dañino y da como resultado la cronicidad del estado anoréxico.

El peor destino para las anoréxicas, la razón por la que luchan contra ganar peso, es perder el control de su ingesta de comida, «hinchándose como una ballena». Cualquier cosa más pesada que el cuerpo con el que llegan a la consulta les resulta «gorda». Si no se les ofrece ayuda terapéutica, aunque ganen peso, muchas se deprimirán agobiadas por los sentimientos de culpa. Esto es lo que le sucedió a Alice, cuyo peso en tres años había fluctuado entre 36 y 45 kg, muy bajo si se tiene en cuenta su altura de 1,73 m. Al principio la hospitalizaron con un tratamiento de modificación de conducta; sentía que ése era el peor régimen de su vida porque nadie se fijaba en lo que comía. Adquirió el hábito de llenarse de dulces y pasteles por la noche después de no haber comido nada durante todo el día. Después de que le diesen de alta, mantuvo su peso alrededor de los 43 kg, considerando que 45 kg era estar gorda. Acudió en busca de tratamiento cuando empezó a ir a la universidad, en parte porque allí entró en crisis. Desde el principio hubo dificultades. Sus padres no sólo la acompañaron a la universidad, sino que además se quedaron una semana con ella. Pensaba que la mimaban demasiado y que la obligaban a ser una niña pequeña. Su compañera de habitación estaba totalmente desinteresada por los estudios; sólo le preocupaba su novio. Alice se sintió excluida, casi desplazada de su propia habitación. Hizo un esfuerzo por seguir una dieta razonable, incluso visitó a un nutricionista. Al cabo de unas semanas era evidente que las cosas no marchaban bien. Reanudó las comilonas compulsivas, como había hecho durante la hospitalización anterior. Al principio, la ganancia de peso parecía efectiva y recibió muchos cumplidos acerca de lo guapa que estaba. Pasó las vacaciones de Navidad con su familia y allí también fue admirada por su aspecto. Pesaba casi 51 kg. A la vuelta se sintió completamente incapaz de manejar la situación con su compañera de habitación y empezó a comer sin control, con un ir y venir constante a las tiendas de *delicatessen*. Comía día y noche. En un mes, su peso ascendió a 64 kg; aunque aún parecía bien proporcionada, su cara mostró ese rápido incremento. Se sintió incapaz de concentrarse en los estudios, se deprimió y le entraron pensamientos suicidas. Estaba alarmada por la celeridad en que había ganado peso y por haber ingerido sólo comida basura. Imaginaba literalmente que esa comida se metía en sus tejidos y los hacía fofos, y eso la convencía de que la gordura que llevaba encima era una «vergüenza».

Ella misma buscó ayuda psiquiátrica para establecer un control alimentario y para evitar sus impulsos suicidas. Su peso se estabilizó en dos semanas. Ahora, un año más tarde, es una mujer alta y bella, satisfecha con su apariencia, y la idea de seguir un régimen de inanición le es totalmente ajena. La reacción de otras anoréxicas conocidas de la paciente fue de particular interés. Al principio se sintieron asustadas al ver a alguien fuera de control en cuanto al peso, pero, al cabo de poco tiempo, se dieron cuenta de que Alice no sólo tenía mucha más apariencia, sino que también estaba mucho más serena y tranquila. Sin pasar por ninguna de esas fases frenéticas, se sintieron animadas para aumentar de peso hasta alcanzar un nivel normal.

7

El desmembramiento familiar

El desarrollo de la anorexia nerviosa está tan íntimamente relacionado con pautas anormales de interacción familiar que un tratamiento de éxito siempre debe comprender la resolución de problemas familiares subyacentes. En muchas ocasiones no encontraremos conflictos abiertos, sino todo lo contrario, lazos demasiado intensos. No hay ninguna regla para manejar estas situaciones, excepto una generalización: hay que clarificar los problemas familiares subyacentes. Los padres tienden a presentar su vida familiar como más armoniosa de lo que es en realidad o a negar las dificultades directamente. Todas las anoréxicas están tan ligadas a su familia que no se pueden sentir independientes. Cómo integrar el trabajo con la familia en los demás aspectos de la terapia depende mucho de las circunstancias individuales. Es más fácil hacerlo cuando la enferma vive todavía con la familia o, al menos, en la misma comunidad, aunque las visitas al terapeuta puedan suponer viajar muchos kilómetros.

Bernice, que creció en un rancho del oeste, había sido considerada una chica feliz y sana hasta que cumplió 14 años; tenía una buena constitución y empezó a menstruar precozmente. Después de que bromearan con ella sobre el hecho de estar un poco rellenita, cuando su peso estaba en 55 kg, de repente decidió que era demasiado obesa. También sintió que sus compañeros de escuela ya no la querían y que su familia era muy creída. El rancho era exitoso y bastante conocido por su ganadería. Bernice empezó a alejarse de las actividades normales de una adolescente, con la explicación de que vivían demasiado lejos de la ciudad, y empezó la dieta. Cada vez comía menos y en cuatro o cinco meses pasó de 55 a 38 kg. La menstruación se detuvo al poco de empezar el régimen. No siguió las prescripciones ni del médico local ni del especialista de la gran ciudad. Cuando la visité en mi consulta, su aspecto era realmente famélico, con sólo 32 kg de peso, deprimida y apática. Habían pasado diez meses desde el inicio de la enfermedad. A pesar de todo, se había mantenido muy activa.

Durante varias sesiones familiares nos centramos en la siguiente cuestión: «¿Qué hace que Bernice vaya hasta estos extremos para llamar la atención?». De niña había sido la «ayudante» de su padre, pero ahora su lugar en la familia estaba indefinido. Había regresado a la relación de dependencia con su madre y ésta se sentía poco valorada porque la abuela era quien llevaba todavía las riendas del rancho y de la familia. La terapia consistió en dar algunas recomendaciones sencillas, por ejemplo que el padre debía mejorar su relación con la madre y también hacer cosas con Bernice, como salir juntos una vez por semana. A ella se le prescribió un suplemento nutricional que debía añadir a las comidas. También mencioné que sería necesaria la hospitalización si no ganaba peso en un futuro inmediato.

Cinco semanas más tarde, Bernice había engordado un poco y hablaba con optimismo de que quería pesar 45 kg antes de la próxima visita. La situación parecía mejorar en general; había disfrutado de las salidas con su padre y ambos parecían estar mucho más cómodos juntos. Pero entonces Bernice se alarmó ante la perspectiva de ganar demasiado peso y cuando acudió a la siguiente visita vimos que había adelgazado en vez de ganar peso. Fue una leve recaída. Entonces la escuela ya había empezado y afirmó que se sentía de nuevo aceptada por sus compañeros de clase. Cuando propusimos la hospitalización, aludió a que no quería perder clase; iba a comer tanto como fuese necesario. Así lo hizo y en la siguiente visita, cuatro semanas más tarde, había subido a 45 kg. Estaba de lo más animada y había disfrutado mucho de una fiesta que habían dado en casa para sus amigos de clase. Su padre habló de las relaciones de Bernice con sus compañeros con un interesante comentario: «Están tan contentos de que haya vuelto con ellos que le han dado una bienvenida genial». Hacia Navidad, Bernice parecía haber vuelto a la normalidad manteniendo el peso en un nivel deseable. Ahora mantiene una relación abierta con su padre, es menos dependiente de su madre y disfruta de la escuela y de sus muchos amigos.

Esta familia era de mentalidad abierta y su aproximación a la enfermedad estaba libre de defensas. Los padres de Bernice admitieron enseguida: «Desde luego, tenemos nuestros problemas, pero estamos dispuestos a probar una alternativa». Bernice recuperó un lugar respetable en la familia, abandonó la anorexia bastante rápidamente y se integró con sus amigos de nuevo.

El padre de Celia era un ejecutivo de una empresa multinacional y, a causa de su trabajo, toda la familia había residido durante años en países extranjeros. Celia estaba bastante enfadada y resentida por haber perdido a sus amigos cuando, a la edad de 16 años, la familia volvió a Estados Unidos. Además, una de sus abuelas tenía un problema de alcoholismo que ella se tomó como un asunto propio; el rechazo a la comida empezó en una de las visitas de esa abuela. Celia era entonces una chica bien formada que llevaba ya unos años menstruando. Pesaba 50 kg. Estaba tan enfadada con el alcoholismo de su abuela que amenazó con iniciar una huelga de hambre. «Si no dejas de beber, no comeré.» El problema de la abuela no se solucionó, pero Celia consigió estar más feliz cuando vio que adelgazaba. Siguió perdiendo peso al año siguiente, con sus padres cada vez más alarmados, intentándolo todo para que comiese. Al final, Celia sólo ingería comida para bebés y tenían que dársela a cucharaditas, sentada en el regazo de su padre o de su madre. Forzaba a sus padres a hacer con exactitud lo que ella quería. Se convirtió en totalmente dependiente de su madre. Le tenían que decir cuándo ir al baño y cuándo irse a dormir, y si no se le daban suficientes indicaciones se ponía a llorar. Dejó de menstruar y su peso bajó a 34 kg en un año. Se le diagnosticó anorexia nerviosa y se le remitió al especialista.

Cuando Celia llegó a los servicios médicos estaba en una condición lamentable —pálida, tímida y llorosa—, pero aceptó ingresar en el centro. Al principio se le dio la opción de comer o no y perdió peso. Después se le administró nutrición intravenosa y, al cabo de cierto tiempo, ésta se combinó con ingestas normales; seis semanas más tarde su peso había aumentado hasta 43 kg y antes de darle de alta supo mantener ese peso durante varios días comiendo sólo alimentos sólidos.

Al principio se mostraba tan evasiva y hablaba con una voz tan baja que casi no obtuvimos ninguna información. Apenas susurraba: «No lo sé» o «No me preocupa nada», o simplemente gemía porque se sentía culpable. Cuando su nutrición mejoró, empezó a mostrarse más comunicativa y hablaba abiertamente acerca de su niñez. Había vivido siempre con el temor de no hacerlo todo bien a ojos de su padre, quien esperaba que su hija fuese la mejor en los estudios, en el deporte y en las relaciones sociales. Le explicamos que todo el mundo tiene derecho a ser uno mismo y que parecía que su situación le había impedido ser la clase de persona que era capaz de ser.

Durante su hospitalización, sus padres y hermano acudieron tres veces a mi consulta para evaluar la interacción familiar. La madre había leído acerca de la anorexia nerviosa y estaba más bien indignada de que se hablase de que estaba relacionada con problemas familiares o con una insatisfacción marital subyacente. Ella sentía que no había habido ninguna insatisfacción en su matrimonio y que el problema de bebida de la abuela era la única experiencia desagradable que había habido en la familia. Añadió que había algo en las maneras de su marido que causaba en algunas personas, «probablemente sólo en las más sensibles», cierta sensación incómoda, como si él las rechazase. La madre se había comportado de una manera muy infantil con su marido. Él confirmó que, a su parecer, esto había sido un gran problema. Ella era abiertamente servil para con él, pidiéndole siempre ayuda para todo. En las sesiones familiares, al principio Celia se mostraba terriblemente retraída, pero después de animarla, empezó a expresarse libremente. Finalmente dijo que siempre había temido las críticas y que no se sentía segura del amor de sus padres; por eso no podía actuar como una adolescente. Se había aislado de la gente de su edad durante el año anterior porque sus padres habían criticado a su novio y al grupo con el que iba. Durante una sesión familiar hubo un intercambio de pareceres entre Celia y su padre, y éste afirmó que estaba dispuesto a que su hija viviese su vida a su manera, sin exigirle el grado de sociabilidad que él había querido para ella. Celia admitió que no había razón para estar asustada y ser sumisa como había sido en el pasado. Reconocía que había adoptado los problemas de su madre como suyos al estar tan unidas, en vez de tener una vida propia.

Celia también hizo buen uso de las sesiones de terapia individual, en las que se le dijo que no era «malo» contradecir a su padre o esperar que su madre actuase más como una persona adulta. Se intentó que se diese cuenta de que tenía deseos propios y de que necesitaba ayuda a la hora de formularlos. Necesitaba aprender que ser amable consigo misma, permitirse ser vaga o hacer algo solamente para divertirse no eran cosas malas, sino parte del crecimiento normal de una persona de su edad y que no tenía que disculparse por ello.

La madre no quiso participar mucho en las sesiones, expresando sólo el deseo de que las cosas volviesen a ser como eran. Se aconsejó a los padres que buscaran ayuda para resolver sus propios problemas; necesitaban interactuar a nivel de adultos de manera que dejasen espacio a los niños para que creciesen como seres independientes. El hermano más joven fue un participante activo y se comprometió a ayudar a su hermana a conseguir nuevos contactos en la nueva comunidad, donde él se sentía muy integrado. Seguimos en contacto con Celia por carta. Hablaba de nuevos amigos y de algunas travesuras y peleas. Parecía que ya no tenía más problemas con la comida; seis meses más tarde su peso ya estaba por encima de los 48 kg.

Evaluando ahora el desarrollo de este caso, una podría decir que el alcoholismo de la abuela fue, para la paciente, una bendición porque le dio la oportunidad de protestar abiertamente ante una situación que su dócil madre intentaba presentar como perfecta.

Las familias de las anoréxicas varían en cuanto a su habilidad para afrontar los problemas más básicos. La madre de Celia intentaba mantener un sueño infantil de perfección, pero el marido era más realista en su evaluación de la situación e insistió en hacer los cambios necesarios para que su hija se zafase del confinamiento materno. En el caso de Dale, la madre dominaba el hogar negando cualquier dificultad y exigiendo perfección a todos. Cuando finalmente la fachada se vino abajo y los problemas salieron a la superficie, reaccionó con una depresión.

La familia Kaplan atravesó Estados Unidos, desde Maine hasta Texas, para que yo la visitara, pero tenía muy poco que aportar. Sólo decían que todo iba bien y que no sabían cómo explicar de qué forma surgió la enfermedad. En todas mis consultas pido a los miembros de la familia que me escriban una carta y me expliquen qué creen que causó la enfermedad. El padre y las dos hijas (Dale, la mayor, de 16 años, era anoréxica) escribieron una carta normal de una página. La madre envió un informe escrito a máquina de siete páginas a un solo espacio, con los detalles clínicos más minuciosos, diciendo una y otra vez que no había problemas emocionales. La hermana menor había expresado abiertamente que no todo iba bien: «Me pone enferma ver cómo oculta la comida que luego da al gato en secreto y cómo después no tiene fuerzas ni para subir al autobús. Pienso: "¿Por qué tiene que hacerle esto a nuestra familia?"». Se enfadó mucho cuando una compañera le preguntó: «¿Cuándo va a morir tu hermana?» y, desde entonces, ha intentado ayudar y entender a Dale, «pero es duro».

Entrevistar a esta familia era un ejercicio de frustración. Cualquier pregunta que se les hacía la respondían con las frases: «No lo sé» o «Díganoslo usted». Les habían dicho que se visitaban con la máxima autoridad en la materia y ahora esperaban que les dijese qué iba mal y qué tenían que hacer. Si la pregunta hacía referencia a cómo cuidaron a sus hijas de pequeñas, a problemas de antaño o a ansiedades presentes, si había alguna respuesta, inmediatamente añadían: «Pero eso es lo natural, ¿verdad?» o bien «¿No es eso lo que hace la gente normal?». Ponían énfasis una y otra vez en lo bien que se llevaban entre ellos, en que todo había ido bien hasta la enfermedad, sin preocupaciones, y en la forma en que todos cooperaban ahora para ayudar a Dale. Cualquier esfuerzo para centrarse en lo que había provocado el problema era apartado de un plumazo. «No podemos imaginarnos de qué se trata; no hemos tenido ningún problema.»

Cuando se llamó la atención al hecho de que Dale había perdido casi 16 kg antes de que nadie se diera cuenta, la madre, enfermera escolar, dijo: «Fue tan sutil... ni sus amigos lo advirtieron». Este tipo de no respuesta es característico de las familias anoréxicas. Suelen citar a los demás para describir la situación. La madre también insistía en que Dale, cuyo peso llegó a estar por debajo de los 32 kg, comía más que su hermana. «Se sorprenderá de lo mucho que come; come más de lo que se piensa.» La madre era la portavoz de la familia y los demás sólo asentían. Hubo algo de apertura cuando pregunté si Dale había hecho alguna vez algo desagradable. Recordaron sólo un incidente: se trataba de una ocasión en la que Dale ocultó una nota de la escuela y la firmó ella misma. Eso demostraba que había algo atemorizante que hacía que la niña no se atreviera a admitir en casa que había tenido un problema en la escuela. Pero, aun así, no se sacó nada más en claro. Cualquier tema que se tocaba lo presentaban de una manera sentimental. Usaban prácticamente los mismos términos para hablar de cualquiera de ellos: todos tenían buenas intenciones y habían dado lo mejor de sí mismos. Hubo muy poca expresión espontánea de sentimientos, así que les di algunas instrucciones sencillas para intentar variar esas rígidas pautas de interacción. Una tarea era que cada uno debía hablar sólo en su nombre, que nadie podía explicar lo que otro quería decir. Si llevaron a cabo estas indicaciones, debió de ser en pequeña medida porque, para ellos, no había nada que cambiar. Todo iba bien.

En la siguiente visita expresaron sus quejas acerca de que yo no les había escuchado; según ellos, quizá no habían logrado expresarme que todo iba bien, que la enfermedad no tenía que ver con ningún problema familiar. Un mes o dos más tarde, Dale finalmente habló clara y definitivamente, para la sorpresa de todos. No todo iba tan bien en casa, habían estado ocultando los problemas, había que hablar de los tabúes de la familia. La madre se deprimió y entonces fue capaz de expresar sus sentimientos de rabia: «¡Lo que Dale nos ha hecho...!». Se refería a que su hija había creado aparentes conflictos en el matrimonio sin que ella se diese cuenta. Ahora tenía miedo de que el matrimonio se rompiese. También habló autoacusándose de que había hecho cosas que ahora se daba cuenta de que estaban mal.

El resultado es que las hijas consiguieron un nivel de independencia mucho mayor. Dale empezó a ganar peso y, después de graduarse en el instituto, hizo sus propios planes universitarios. Los padres siguieron juntos y fueron capaces de enfrentarse a sus problemas de forma madura, sin negarlos y sin dar la impresión de superperfección. No es nada raro que, cuando la anoréxica mejora psicológica o físicamente, salgan a la luz síntomas de depresión en sus padres o problemas en el matrimonio.

Esas tres chicas todavía vivían en casa en el momento en que las tratamos. En general, se puede decir que las jóvenes son más fáciles de tratar que las mayores. Pero trabajar con la familia es igualmente importante en los pacientes mayores, aunque en esos casos la posibilidad de contar con la cooperación de los padres es más difícil. Negar la existencia de la enfermedad, algo intrínseco a la anorexia, es también un rasgo característico de las familias, que insisten una y otra vez en negar las dificultades existentes: se culpa a «la anorexia» de ser la causante de todos los problemas actuales. Existe una tendencia a que cada miembro no hable por sí mismo/a, sino en el nombre de otro miembro, siempre modificando, corrigiendo o invalidando lo que la otra persona ha dicho. Funcionan como si pudiesen leer el pensamiento de la otra persona y explican lo que aquélla realmente quiere decir. Tales características son de distinta intensidad en diferentes familias, pero se añaden a la negación completa de enfermedad o de necesidad de cambio.

Las familias de las pacientes jóvenes se implican más en el tratamiento que las de las mayores. Al principio de la enfermedad, los padres reaccionan con ansiedad y frenesí agudos por los peligros de la anorexia. Pasado un tiempo, la situación se calma y, en muchos casos, la familia puede considerar la enfermedad como un vergonzoso engorro del que culpan al paciente. Aunque infelices por el problema que tienen con su hija, muchos padres se niegan a ser «culpados» por la situación, una palabra que usan para huir de las recomendaciones de tratamiento para sí mismos. Si los problemas de la familia no son atendidos y los padres tratan a la paciente con toda su ansiedad y rabia, se desarrollará una situación turbulenta dominada por las acusaciones airadas. Por supuesto, no se trata de una situación sencilla: la anoréxica puede controlar todo el hogar con sus petulantes demandas, su rechazo a la comida o sus amenazas de suicidio y, mientras, no se hace nada para que consiga seguridad interna o una auténtica independencia.

El terapeuta no debe contentarse con aconsejar a los padres que no muestren interés por la alimentación de la joven o, lo contrario, que la controlen. Lo esencial es que se reconozcan los patrones de interacción subyacentes y que acepten ayuda para cambiarlos. La terapia familiar ha adquirido, en los últimos tiempos, cierto estatus como una técnica de tratamiento específica. Muchos profesionales a cargo de niños defienden con entusiasmo la terapia familiar conjunta. Según mi experiencia, este enfoque tiene éxito sobre todo en pacientes jóvenes que se hallan bastante sanos emocionalmente. En aquellos que tienen graves deficiencias en el desarrollo de la personalidad, la terapia familiar es un complemento importante y necesario; pero el trabajo principal necesita ser realizado a través de la psicoterapia individual.

Cuando los padres están bien informados y no demasiado a la defensiva, es posible que pidan ayuda para ser tratados psicológicamente. La madre de Edith se deprimió con la enfermedad de su hija; bastante pronto reconoció que su depresión tenía más que ver con sus problemas maritales ocultos que con la anorexia de Edith. Buscó tratamiento para sí misma y su terapeuta le ayudó a desengancharse de su hija; este profesional también trató a Edith, a quien resultó difícil aceptar que su madre ya no iba a ser tan posesiva como había sido antes. Edith empezó el tratamiento con el sentimiento de que había abandonado a su familia, que ella había sido el padre en esa casa, que sin ella los conflictos saldrían a la luz y el hogar se derrumbaría. Cuando se dio cuenta, durante unas vacaciones, un año después, de que era más independiente que antes, volvió a su actitud infantil y exigente, quejándose de que «ellos» la habían reducido al nivel de un niño pequeño. En realidad, se resentía de haber perdido el estatus que poseía cuando era la pieza intermedia en el matrimonio de sus padres. Tengo mis dudas de que esos problemas se hubiesen clarificado tan pronto si no hubiese sido porque la madre siguió un tratamiento.

Hay familias que rechazan de plano integrarse en el tratamiento. Algunas piensan que sacar los problemas a la luz será más problemático que útil. Recuerdo un caso en que un padre afirmó abiertamente que cambiar su estilo de vida iba a reactivar problemas que, según él, manejaba correctamente. Además, en su comunidad los servicios psicoterapéuticos eran inadecuados. Finalmente, la hija anoréxica fue enviada lejos, a un hospital especializado en el tratamiento de la anorexia, y el padre se comprometió a reevaluar las pautas de relación familiar. El tratamiento de esta chica tuvo éxito, aunque sus padres no encajaron bien que su hija decidiese quedarse en la costa este en vez de volver a su hogar en el Medio Oeste.

En otra familia, gracias a que la hija visitaba regularmente a su madre, se pudieron clarificar los factores subyacentes a la enfermedad. La madre de Flora, que vivía en una comunidad sin los servicios psiquiátricos adecuados, también acudió a mi consulta en repetidas ocasiones para hablar de sus problemas. Durante las visitas de Flora a casa de su madre, ésta anotaba las cosas que le molestaban de su hija, reprimiendo sus enfados o las preocupaciones que sentía por ella cuando la chica estaba allí. Como Flora mejoró y se sentía más segura de que la terapia era por su bien, no algo amañado por su madre, se pudieron reunir las dos para examinar las escenas desagradables que solían tener. Cuando acabó el tratamiento, madre e hija habían establecido una relación de mutuo respeto y amistad inusual, con cariño y reconocimiento recíproco, sin intrusiones de ninguna de las partes. Esto no hubiese sido posible sin la exploración conjunta de las muchas dificultades que surgieron durante la fase activa de la enfermedad.

142

Los padres suelen rechazar la necesidad de su propio tratamiento porque ello implica que la manera de criar a su hija no ha sido la perfecta. Se suele tratar de familias con serios problemas emocionales en las que la madre tiene mucha importancia. Los padres de Gilda hablaban con amargura de las reuniones familiares del primer período de la terapia, en las cuales se habían atacado los unos a los otros con rabia, a su parecer sin resultado positivo alguno. Sin embargo, durante la consulta se clarificó un par de puntos. En particular, que la madre sentía una rabia incontrolada acerca de la enfermedad de su hija porque ésta la había puesto en evidencia delante de sus amigos como madre incompetente. El padre mantenía una filosofía básica que consistía en que las necesidades de su mujer iban primero y que lo que Gilda necesitaba era aceptable sólo si no iba en contra de las necesidades de su madre. Trabajar con Gilda resultaba muy difícil; sufría serios desajustes emocionales y cada visita a casa significaba una recaída. Se sentía como un espécimen extraño, inspeccionado por sus defectos y desviaciones. Teníamos inacabables discusiones sobre si los cambios que habían ocurrido durante el tratamiento iban en la dirección que querían sus padres o no. Gilda sentía que la única razón por la que sus padres la habían valorado era su brillante expediente académico. Cuando por fin se relajaba un poco, ellos le reprochaban que no se esforzase más en algo de provecho. Eran igualmente críticos con su cambio en la forma de vestir, que intentaba emular a las otras universitarias. La mayoría de los ataques de sus padres se dirigía contra sus amigas, demasiado egoístas, superficiales y sin suficiente cultura. En una ocasión visitó a un antiguo amigo que ellos ya no aprobaban y recibió una llamada diciendo que era urgente que volviese a casa, que su padre estaba enfermo. La madre estaba tan convencida de que tenía que ejercer un control sobre su hija que se inventó esa emergencia.

También hubo un continuo y doloroso debate acerca de la conducta alimentaria de Gilda, sus comilonas y vómitos. Cuando estaba fuera de casa sentía que controlaba más o menos sus síntomas, reduciendo su conducta desviada a una comilona al final del día. Sin embargo, en casa cada desacuerdo o crítica le provocaba uno de esos atracones compulsivos, lo cual conducía a más peleas. Si vomitaba lo que comía, su madre lo interpretaba como un rechazo hacia ella y la atacaba por eso. Si compraba comida (cargándola a la cuenta de sus padres), recibía otro ataque. Gilda volvía de sus visitas a casa como una superviviente de un campo de batalla. Sólo poco a poco y con esfuerzo aprendió a escuchar las quejas de sus padres y a considerar sus necesidades, sin caer en peleas infantiles y pérdidas de peso.

A los padres se les dijo que necesitaban ayuda psiquiátrica urgente para solucionar sus propios problemas y ansiedades, especialmente la madre, pero siempre rechazaron esas recomendaciones. Su hija estaba «enferma, enferma, enferma» y ellos querían que volviese a ser esa chica tan agradable que había sido de niña. Gilda sabía que habíamos recomendado a sus padres que siguieran una terapia y eso la ayudaba a superar sus sentimientos de culpa. Gradualmente se fue liberando, a pesar de los esfuerzos de sus padres por no cambiar, de las rígidas pautas impuestas por la familia que precisamente no le permitían crecer. Al fin, los padres renunciaron a su actitud crítica y lograron disfrutar de la nueva capacidad de Gilda para vivir de una manera mucho más madura.

8

Cambiar la mente

«Quiero que alguien reconozca que "ganar peso no lo arregla todo", quiero que me ayuden con la depresión, pero nadie me escucha.»

«Él dice: "¡Come!", como si meterme 5 kg en el cuerpo pudiese arreglar todos mis problemas. No es así; sin embargo, cuando arregle mis problemas sí podré comer.»

«Me hicieron engordar, pero nadie se ocupó de cambiar mi mente.»

Éstas son algunas frases con las que las anoréxicas expresan su desacuerdo con los terapeutas que no las han ayudado. Tales tratamientos pueden haber estado centrados en hacerles comer, como sucede con la modificación de conducta, los métodos orgánicos, como el tratamiento de electroshock, la medicación psicotrópica o la propia psicoterapia que nunca se enfrentó a temas importantes. Existen pocas enfermedades en las que los resultados del tratamiento dependan tanto de la pertinencia del enfoque terapéutico. La cuestión es en qué nos equivocamos o qué pasamos por alto.

Mis ideas sobre el tratamiento de las anoréxicas han surgido después de ver a muchas pacientes que no mejoraron o que incluso empeoraron, aun estando bajo cuidados médicos. La tarea del terapeuta es compleja. Éste debe evaluar la integración del enfoque psicológico en la gestión médica o nutricional, la combinación de terapia individual con la resolución de problemas familiares y cuidar al máximo la calidad de la interacción paciente-terapeuta. Debe ser también capaz de deducir, de los datos de que se disponen, cuál ha sido la filosofía de tratamiento del terapeuta anterior. Más aún, se debe tener en cuenta la disposición del paciente y la familia a responder a una evaluación y a una o varias formas de terapia.

En las pacientes que ya han pasado por uno o más tratamientos encontraremos que lo que se ha pasado por alto o lo que se ha llevado mal varía de caso a caso. Aquí sólo hablaré de algunos de esos problemas. Una fuente de error importante es que frecuentemente el centro de atención ha estado en una faceta aislada. Ha sido habitual pensar que la corrección del peso era el problema fundamental, mientras que los asuntos más profundos se dejaban de lado. Por el contrario, algunos terapeutas mantienen una actitud de espera con respecto al peso, con la esperanza irreal de que la nutrición mejorará una vez haya mejorado psicológicamente la paciente. Con tal optimismo no sólo se pierde el tiempo, sino que además nos exponemos a un posible desenlace fatal. Uno no puede llevar a cabo ningún trabajo terapéutico con un paciente hambriento. Yo informo a mis pacientes de que no puedo darles mi opinión sobre su situación psicológica hasta que se haya logrado un mínimo de restitución nutricional. En estas páginas se habla más del proceso terapéutico porque ése es el objetivo del libro, pero queda claro que es necesario emplear un enfoque integrado.

Parece que muchos terapeutas, cuando se enfrentan a pacientes anoréxicas, se autolimitan a conceptos psicoanalíticos, incluso aquellos que trabajan habitualmente con terapias más modernas. Muchos enfatizan el significado simbólico de no comer y los problemas inconscientes subyacentes, las fantasías y los sueños. Cuando examinamos el trabajo psicoanalítico con estas pacientes desde un punto de vista transaccional, una se da cuenta de que esa intervención puede reactivar una experiencia pasada negativa. Las anoréxicas crecen en familias que parecen armoniosas donde ellas son las niñas más apreciadas, pero, al mismo tiempo, las más controladas. Se han sentido, desde siempre, obligadas a satisfacer las expectativas de los demás y han fracasado al tratar de desarrollar verdadera autonomía e iniciativa. Con esas terapias, experimentan «interpretaciones» que indican que alguien más sabe lo que sienten y piensan, puesto que ni ellas entienden a veces sus propios pensamientos. El objetivo de la terapia individual debería ser ayudarles a desarrollar un concepto válido de sí mismas y enseñarles a actuar independientemente. Resumiendo, la tarea del terapeuta es ayudar a las pacientes a descubrir sus propias habilidades y recursos para pensar, juzgar y sentir. «Darles interpretaciones» es un objetivo contradictorio. No importa si la interpretación es correcta o no, lo que les daña es confirmarles el miedo de que son deficientes e incompetentes y que están condenadas a la dependencia.

Muchas de las que han pasado antes por otros tratamientos se quejan de que lo que el terapeuta les explicaba no tenía sentido para ellas, pero que éste pretendía que lo aceptasen a la fuerza. Las anoréxicas tienen una gran tendencia a acatar lo que se les dice, pero si esos argumentos son completamente opuestos a lo que piensan, pondrán objeciones. Irene (cap. 4) se quejaba de que su terapeuta anterior había insistido mucho en que él siempre tenía razón. Por ejemplo, ella le contó un sueño acerca de una reina roja que fue interpretado por él en el sentido de que había tenido miedo a la menstruación y le preocupaba ser mala. Ella estaba segura de que se equivocaba; se acordaba de cómo se había sentido entonces y sabía que no le había tenido miedo a la menstruación.

Irene había sido una niña que tuvo su primer desarrollo puberal a la edad de 12 años, cuando pesaba unos 45 kg. Empezó a controlarse el peso y se mantuvo durante un tiempo en 43 kg; durante esos años creció 10 cm, los signos del desarrollo puberal empezaron a desaparecer gradualmente y dejó de menstruar.

Tenía casi 18 años cuando la visitamos y nos repetía que no había tenido miedo a la menstruación, ni siquiera había pensado en ello. Cuando comentábamos su situación vital en general y las relaciones con sus compañeras de clase, expresé mi asombro por el hecho de que, viviendo tan en contacto con otras adolescentes, no hubiera pensado nunca en la menstruación. Entonces admitió que no le había gustado que le crecieran los pechos y que le encantó que casi desaparecieran cuando se hizo más alta y delgada. Finalmente se interrumpió con la pregunta: «Es más raro que nunca pensase en la menstruación que no que le tuviese miedo, ¿verdad?». Después de examinar con gran detalle los problemas de ese período, llegó a la conclusión de que había tenido miedo de convertirse en una adolescente y de las nuevas exigencias sociales. El acto biológico de la menstruación le había parecido relativamente poco importante. Mi trabajo consistía, pues, en mantenerla animada para que descubriese el significado de sus ideas y conducta, sin mi interpretación.

La mayoría de las pacientes que vienen a mi consulta han estado expuestas a una serie de enfoques de tratamiento inconsistentes y han desarrollado una inagotable fuente de trucos para derrotarlos. Los terapeutas, a su vez, intentan evitar una colisión frontal con el deseo del paciente de no ganar peso y no se enfrentan a su conducta manipulativa e intimidante. Greta, una chica de 22 años, anoréxica durante seis, que había estado casi continuamente en tratamiento, reaccionó con pánico a mis preguntas acerca del desarrollo de sus dificultades. Cuando durante la sesión familiar intenté que hablasen de su rol en la familia, rechazó participar. Después, Greta tuvo varios ataques histéricos, chillando sin parar, y su madre debió hospitalizarla. Mi sugerencia de que en la próxima visita íbamos a averiguar qué era tan problemático tuvo un efecto desencadenante de esa reacción.

Durante la exploración, al día siguiente, esta chica aparentemente tímida y dócil estaba más bien agresiva, atacándome a mí y al médico que la había atendido en el hospital, gritaba: «¡Me están juzgando!» —en el pasado la habían acusado de estar enferma para castigar a sus padres y nadie consideraba que se castigaba a sí misma más que a los demás—. Yo le dije tranquilamente que no le había juzgado. Que, en realidad, no había expresado ninguna opinión. Una de sus quejas más habituales era: «Nadie me escucha». Yo señalé que ocurría todo lo contrario, que ella se negaba a participar cuando precisamente se le preguntaba. Se hizo evidente que, si el tema no se centraba en criticar a los demás, dejaba de comunicarse y empezaban sus acusaciones arbitrarias.

El siguiente paso fue ayudarle a ver que su conducta sí influía en los demás y así se dio cuenta de que no era tan pasiva como intentaba presentarse. Greta empezó a hablar más abiertamente de lo que le preocupaba, de cuán sola se sentía, de cuán tímida era con la gente, de cuán fácilmente le herían los sentimientos y de cómo se retiraba cuando las cosas no iban como ella esperaba. Se había aislado y toda su conducta era un mensaje abierto: «¡No me toquen! Siento mucha ansiedad. No se me puede molestar con cualquier cosa». Ella lo resumía como «apretar el botón del pánico» siempre que algo no mar-

149

chaba según sus planes y admitía que eso interfería en su progreso terapéutico. A medida que fuimos hablando de ello, se fue interesando en descubrir nuevas opciones de vida. Greta se dio cuenta de que no había dejado de usar la debilidad como arma y la enfermedad como encarnación de su poder y fuerza. Se había dado cuenta de la seriedad de sus problemas subyacentes, pero lo había mantenido en secreto porque creía que nadie la podía entender.

Las quejas más comunes de las pacientes acerca de sus tratamientos previos son que no sabían de qué iba la terapia o que sentían que sus problemas no eran entendidos. Tanto si aceptamos a la paciente para llevar a cabo un tratamiento a largo plazo como si la visitamos una sola vez, es importante comunicarle que podemos entender la enfermedad y que hay ayuda para ello, y debemos expresarlo con todo detalle. Muchas pacientes se quejan de que les era difícil hablar con el terapeuta, de que había largos silencios o de que éste se centraba en temas que les parecía que no importaban o no entendían. Es importante explicarles en qué consiste la enfermedad. La mayoría se sorprende de que se sepa tanto de la misma y de que las ideas y sentimientos que ellas consideran sus secretos personales hayan sido expresados por otras personas, a veces con las mismas palabras. Este entendimiento preliminar puede ser establecido en forma de charla explicativa o con preguntas sobre cuestiones relevantes. Cómo proceder dependerá de la habilidad del paciente para expresarse. A algunas no les gustará comunicar espontáneamente y entonces tendremos que dar una larga explicación. Otras quieren estar seguras de que lo que tienen que decir es escuchado y entendido, y entonces responden mejor a las preguntas. Si las cosas van bien, no es raro que una paciente pregunte: «¿Usted también la ha tenido?», indicando que lo que se plantea es relevante. Es importante no parecer omniscentes, como si pudiésemos leer la mente. Yo repito que lo que sé lo he aprendido de otras anoréxicas. Eso no les gusta porque quieren ser únicas.

Mi primera entrevista con Helen es un buen ejemplo de lo dicho hace un momento. Esta paciente era una chica de 20 años cuyo terapeuta me había pedido que la viese porque no hacía progresos. Helen no quería admitir que estaba enferma y su actitud frente a la terapia era sentarse en silencio, contrariada por el hecho de que se gastaba dinero en algo inútil. Tomé esto como un mensaje de que era una de las situaciones en las que yo tenía que desarrollar la mayor parte de la conversación y le expliqué que había aprendido algunos principios generales de otras jóvenes en su misma situación.

Lo que he aprendido, principalmente, es que la preocupación por la dieta, la preocupación por la delgadez o la gordura es una pantalla de humo. Ésa no es la verdadera enfermedad. La verdadera enfermedad tiene que ver con la manera en que nos sentimos. Hay una contradicción peculiar: todo el mundo piensa que lo estás haciendo todo muy bien y que eres brillante y, sin embargo, el principal problema es que tú piensas que no lo eres. Tienes miedo de no llegar al nivel que se espera de ti. Tienes un gran miedo, el de ser normal o mediocre o común —y para ti eso no es suficiente—. La dieta empieza con esa ansiedad. Quieres probar que tienes el control, que puedes hacerlo. Lo curioso es que eso te hace sentir bien, te hace sentir que «puedes lograr algo», que «puedes hacer algo que nadie más puede lograr» y entonces empiezas a pensar que eres un poco mejor porque puedes mirar desde arriba a toda esa gente gordita que no tiene la disciplina suficiente para controlarse. Sólo hay un problema con este sentimiento de superioridad. No soluciona tu problema porque lo que realmente quieres es sentirte bien contigo misma y sentirte sana y feliz. La paradoja es que has empezado a sentirte bien por estar malsana.

Después de este primer discurso, Helen ya me miraba de otra manera. Llegó con una expresión adusta y solemne, como diciendo: «La desafío a que me diga qué es lo que pasa». Ahora la expresión era de intriga: quizás hubiese algo que aprender. Así empezó a darme información acerca de sus padres, amigos y experiencias en la escuela, aunque el mensaje era el de siempre: nunca había habido problemas. Entonces yo le dije lo siguiente:

Éste es uno de los grandes problemas. He escuchado lo mismo de muchas jóvenes y asumo que tú también lo tienes. Siempre han hecho lo que se esperaba de ellas, pero nunca supieron lo que, de verdad, querían. Cuando recibían regalos estaban agradecidas, pero nunca era lo que necesitaban o querían. En realidad, no sabían lo que querían. Algunas incluso temían no tener una mente propia o el derecho a vivir su propia vida y siempre hacían lo que se esperaba de ellas. ¿Qué es lo más atrevido que has hecho nunca? [Sin respuesta.] Quiero decir algo que hiciste porque querías hacerlo, y no porque ellos esperasen que lo hicieras o simplemente para complacerles. Quizá no puedas pensar en nada porque nunca supiste que tienes el derecho a vivir tu propia vida. La enfermedad es el esfuerzo supremo para convencerse de que «puedo hacer lo que quiero. Puedo hacerlo de la manera que quiero, y no de la manera que los demás quieren hacerlo». Pero ésta es una manera muy dolorosa de actuar porque significa que vamos a hacernos daño físicamente; significa sacrificar el disfrute de lo que realmente queremos.

Tú has perdido 16 kg en seis meses y ahora muestras cuánto sufrimiento implica eso. Te has debido negar la comida estando hambrienta, aunque todos tus pensamientos giran en torno a la comida y a cómo te gustaría comer. La cuestión es por qué chicas sanas como tú se niegan a sí mismas el disfrute de la vida. Lo que he oído de otras —no sé si eso se aplica a ti, pero estoy casi segura de que sí— es que no se permiten disfrutar de la vida porque se sienten culpables. Culpables de no estar a la altura, culpables de tener pensamientos sobre hacer cosas completamente diferentes. Incluso con el éxito en la escuela y todo lo demás, hay mucha rabia por tener que presionarte a ti misma y estar siempre preocupada por no hacer las cosas suficientemente bien. También hay rabia y envidia por negarte a ti misma el disfrute de holgazanear o hacer lo que te plazca. Por eso a nosotros nos desconcierta que te obligues a hacer algo, como no comer, que no es realmente lo que quieres. Te sientes culpable por hacerlo, pero tampoco sabes qué es lo que quieres. Lo que realmente te molesta es no saber qué puedes esperar de la vida o qué te hará feliz. Y entonces viene esta enfermedad y la comida llena todo tu pensamiento.

Ahora necesitaba explicarle que la terrible preocupación que se tiene por la comida está directamente relacionada con el hambre y que no desaparece hasta que dejamos de evitar la comida.

Tú piensas que vales algo sólo si haces alguna cosa muy especial, tan grande y deslumbrante que tus padres y los seres a quienes quieres se queden impresionados y te admiren por ser superespecial. Yo no conozco tu sueño de gloria particular, pero estoy segura de que no te quedarás satisfecha con algo ordinario. Esa obligación de tener que hacer algo muy especial es lo que te hace la vida tan dura y deprimente y el trabajo tan compulsivo. Para algunas, lo más fácil es estar hambrientas. Por fin lo han conseguido. Durante un tiempo, muy poco, parece que la presión ha desaparecido. De hecho, comer algo les molesta porque este orgullo de estar más delgadas parece una muestra de que todo irá bien.

Esto nos lleva a otra área. Helen estaba en su último año de enseñanza secundaria y, aunque las notas eran bastante altas, mejores que nunca, no estaba satisfecha: «Creo que podría haberlo hecho mejor». Yo le respondí:

Mucha infelicidad viene de no tener tantos amigos como quisieras o porque los demás no te entienden realmente y te conviertes en una persona aislada y solitaria. He oído a muchas decir que no se sienten parte del grupo. Quizás incluso sienten que los demás son descuidados o que no les importan cosas cruciales o tal vez que, simplemente, son vulgares. Pero ése es un lugar bastante solitario. ¿Vale la pena luchar tanto y hacer lo mejor para sentirse superior pero sola?

También es importante hablar de todos los síntomas; por eso añadí:

Muchas dicen que están llenas, que no necesitan comer, que ya tienen suficiente. En realidad, se mueren por comer más, por estar bien, y no tan esqueléticas. Dicen que les gusta estar delgadísimas, pero he oído a muchas decir que incluso sentarse les hace daño y que pasar todo el día en la escuela es una agonía. Otras sienten frío continuamente, pero niegan todo ese sufrimiento. Una cosa que tú no sabes pero que yo puedo decirte es que ese sufrimiento no es ninguna solución. Te hace sentir especial, pero no es lo que necesitas ni quieres de verdad y no va a evitar que estés triste. Necesitas sentir que vives tu propia vida, sentir que vales y que lo que haces es realmente lo que quieres para ti. Tú estás capacitada para hacer todo eso sin sentirte culpable, tanto si lo haces por tu propia ambición como para no hacerlo bien en la escuela y para permitirte ser una persona que disfruta de la vida. Muchas de las cosas que realmente te preocupan son de tal orden que ni siquiera quieres admitirlas para ti misma. En estos momentos estás tan orgullosa de estar delgada que lo has sacrificado todo para ello. Para estar bien se requiere un nuevo y más grande sacrificio, a saber, abandonar ese orgullo antinatural que no sirve para nada.

Y así sucedía con Helen. Si nos centramos en averiguar lo que las pacientes quieren y esperan, incluso las que han estado enfermas y han seguido diferentes tratamientos durante muchos años y que son bastante cínicas acerca de la posibilidad de encontrar ayuda para su infelicidad, se relajarán y abrirán. Ésta será, por supuesto, sólo una apertura a la terapia. Con ello no se consigue más que hacerles llegar un rayo de esperanza, decirles que sus problemas pueden ser entendidos y resueltos. No les sustrae de sus concepciones erróneas ni de la determinación de hierro con la que han perseguido unos objetivos tan difíciles. Pero una vez se ha dejado claro que sufren de dudas e incertidumbres interiores, no de un desorden alimenticio, esta aceptación se convierte en una amenaza para el mantenimiento del laberinto de negaciones y contradicciones y para la determinación a no cambiar que caracteriza el tratamiento de la anorexia nerviosa.

Una actitud hostil hacia la psiquiatría no descarta definitivamente el establecimiento de una relación de trabajo. Irma había sido hospitalizada con un peso peligrosamente bajo después de un año y medio de enfermedad anoréxica. Cuando su médico le sugirió que acudiese a un psiquiatra, le gritó: «¡Usted está loco! ¡No voy a ir a un médico para chalados!». Cuando finalmente acudió a la consulta, atacó a su madre: «Tú me has arrastrado hasta aquí. No voy a decir una palabra». Pero empezó a responder a varias preguntas de orientación. Informó de que la pérdida del peso ocurrió cuando dejó repentinamente la universidad. Sentía que la única razón por la que había ido a la universidad era para complacer a sus padres. Ahora trabajaba en algo que no le gustaba, pero no sabía lo que quería hacer. Cuando su madre se levantó para dejarnos a solas, volvieron las muestras de rabia: «Por favor, mamá, no me dejes aquí. Me pondré peor» y «¡Quiero salir de aquí! Te odio, la odio, odio a todo el mundo; ¡sólo quiero salir de aquí!». Lo siguiente fue preguntarle: «¿Cuándo empezaste a sentir tanto odio y que te acosaba todo el mundo?». La respuesta, una negación: «No me siento acosada por todo el mundo. Tengo amigos a los que quiero mucho». Cuando le comenté «Por lo que dices, has conocido a muchas personas insensibles en tu vida. Veamos cómo ha sucedido esto», ella respondió gritando: «Yo no he dicho eso. ¡Está poniendo en mi boca palabras que yo no he dicho!». Le dije: «Yo he entendido que odias a todo el mundo. Siento haber llegado a la conclusión equivocada». Su comentario fue: «Realmente no odio a todo el mundo. No quería decir exactamente eso».

Por el momento, los lloros se habían acabado y le pregunté sobre la relación con sus padres. «Según lo que he oído antes, tus padres han influido en ti demasiado. Parecías querer decir que tus padres te han dicho siempre lo que tienes que hacer. Y lo otro que he oído es que nunca has tenido la oportunidad de fijar tus propios objetivos para averiguar lo que querías. Hablar más sobre ello te puede ser de gran ayuda. Quizá descubras lo que verdaderamente quieres.» Irma: «Siempre que quería dejar algo me decían: "Muy bien, no sigas. Déjalo si quieres" y después seguían con: "*Pero* si lo dejas... bla, bla, bla" y me daban veinte razones por las que no debería dejarlo. Finalmente dejé los estudios el año pasado y se demostró que tenían razón. No valgo para nada». Cuando sugerí que comentar esas cosas podía ser de ayuda, volvió a sus antiguos ataques: «Me hace sentir como si estuviese loca. Siempre tuve la idea de que la gente que va al psiquiatra está loca». Al final estuvo de acuerdo en que ese miedo no era razonable y en que yo podía ayudarla a resolver esa insatisfacción profunda, esa infelicidad. Le podía ayudar a entender lo que estaba detrás de ello.

Durante la segunda entrevista, Irma se mostró relajada y agradable y habló libremente acerca de sus antecedentes, de cómo ella y su hermana mayor habían sido forzadas a ir a la universidad. Su hermana había sido rebelde e Irma se sintió en la obligación de compensar a sus padres cuando aquélla los defraudó. Habló acerca de su madre en estos términos: «Ella ha controlado mi vida durante tanto tiempo...; ahora yo tengo que controlarla a ella». La madre había insistido en que fuese a una universidad fuera de su ciudad «para hacerla independiente». Irma se sintió frustrada por ello, porque incluso para ser independiente tenía que hacer lo que su madre quería. Se solía sentir unida a su madre, pero reconoce que no está bien ese tipo de relación cuando llega al punto de que los hijos tienen que luchar para desprenderse de sus padres. Entonces me pidió ayuda para su insomnio, aunque ya sabía que era el hambre la que la mantenía despierta. Empezó a deprimirse tanto por las noches que buscó la solución en las comilonas y entonces se deprimió más. «Durante toda mi vida he intentado no darles problemas y ahora me siento tan culpable por todo esto...» Finalmente aceptó la necesidad de tratamiento después de haberle hablado más o menos así: «Hay algo que no sabes y es que tienes el derecho y el deber de vivir tu propia vida. Y es ahí donde la terapia puede ayudarte. Eso es lo que un psiquiatra hace, ayudarte a encontrar lo que realmente quieres en la vida».

157

Una entrevista inicial con éxito no hace más que suscitar el interés en la posibilidad de que la terapia pueda ayudar, de que hay problemas subyacentes que se pueden entender y cambiar. No hace que las dificultades propias del tratamiento desaparezcan, y menos con estas pacientes. Ellas sienten que han encontrado la solución perfecta a sus problemas y se «colgarán» de esa preocupación con el peso durante mucho tiempo. Incluso si arreglamos el problema de la malnutrición a tiempo, contra la voluntad de la paciente, se «colgará» de la noción de que debe ejercer un control sobre su cuerpo. Las subidas y bajadas en la curva del peso suelen reflejar lo que sucede: aferramiento rígido a una situación pasada o ansiedad sobre el enfrentamiento a problemas que han sido vigorosamente negados. Las anoréxicas no suelen querer hablar acerca de su peso o que se hable de él y obligan a los terapeutas a aceptar esta exigencia. Yo considero que esto es antiterapéutico. Los problemas relacionados con los cambios de peso ofrecen un material importante para la exploración psicológica. Los temas subyacentes importantes no se harán realmente accesibles a la exploración terapéutica hasta que el paciente haya conseguido una actitud armoniosa con respecto a su cuerpo y se enfrente al mundo como la persona que es, no como un organismo rigurosamente controlado.

La tarea de la psicoterapia en la anorexia es ayudar a la paciente en su búsqueda de autonomía e identidad autodirigida, consiguiendo que perciba correctamente los impulsos, sentimientos y necesidades que se originan en su interior. La terapia se debe concentrar en el fracaso de la paciente a la hora de autoexpresarse, en las herramientas y conceptos que no funcionan al organizar y expresar sus necesidades y en el desconcierto para tratar a los demás. La terapia representa un intento de reparar los defectos y distorsiones conceptuales, la sensación de insatisfacción y aislamiento y la convicción de incompetencia.

La tarea del terapeuta consiste en estar alerta a cualquier expresión o conducta propia que surja de la paciente. Para hacerlo debe prestar la máxima atención a las discrepancias en los recuerdos de su pasado y a la manera en que malinterpreta hechos actuales, a los cuales tenderá a responder inapropiadamente. El terapeuta debe ser honesto a la hora de confirmar o corregir lo que el paciente comunica. Cuando se lleve a cabo un examen detallado del cuándo, dónde, quién y cómo, saldrán a la luz las dificultades reales o fantaseadas y los estrés emocionales y la paciente descubrirá los problemas escondidos detrás de la fachada de su conducta de alimentación anormal. Todo ello requiere un reconocimiento sensible de lo que la paciente aporta: ella tendrá entonces la experiencia de que lo que expresa es escuchado, algo de lo que ha estado privada durante su desarrollo más temprano. Muchas se quejan de que en las terapias anteriores no las escuchaban.

El cuadro del desarrollo de la enfermedad que he presentado en este libro está basado en lo que he aprendido durante la psicoterapia con diferentes pacientes. La terapia pretende liberar a las pacientes de las influencias distorsionadoras de sus experiencias tempranas y animarlas a ver su propio desarrollo en términos más actuales. Ésta es una tarea difícil, ya que las pacientes se adhieren a conceptos distorsionados, una falsa realidad con la que han vivido que representa su única manera de tener experiencias y comunicarse; sólo abandonarán estas pautas de una manera lenta y a su pesar. Toda su vida está basada en unas asunciones que necesitan ser expuestas y corregidas. Cualquier anoréxica está convencida, en el fondo, de que su personalidad básica es defectuosa, burda, no suficientemente brillante, «la escoria de la tierra» y todos sus esfuerzos están dirigidos a ocultar la fatal corriente de incapacidad que emana de ella. La enferma también está convencida de que la gente que la rodea, su familia, amigos y el mundo en general, la mira con ojos reprobatorios, siempre a punto para criticarla. El cuadro de la conducta humana y sus interacciones que se forman las anoréxicas en sus «tranquilos» hogares es de un sorprendente cinismo y pesimismo.

La terapia debe intentar ayudar a la paciente a descubrir el error de esas convicciones, hacerle ver que ella tiene valor por sí misma y que no necesita la superestructura estresante de una ultraperfección artificial. He querido enfatizar la necesidad de confrontar a la paciente anoréxica con el hecho de que su conducta despierta ansiedad y culpa en los demás. Ayudarla a darse cuenta de que su conducta y actitudes tienen un efecto en la gente, aunque sea negativo, debe ser el primer paso en su descubrimiento de que no es completamente ineficaz. Una condición previa para este trabajo es establecer una relación de confianza y, para desarrollarla, es necesario que se descubran y pongan de relieve hasta las más inocentes distorsiones y malinterpretaciones. El tratamiento con las anoréxicas comprende el gran problema de establecer una comunicación honesta. Como grupo, son manipuladoras y embusteras; cualquier cosa que pueda ayudar a derrotar al programa de aumento de peso. El terapeuta tiene que establecer, desde el principio, que la psicoterapia tratará de sus dudas interiores, no del peso o la dieta.

En principio, las pacientes anoréxicas se resisten al tratamiento. Sienten que en la delgadez extrema han encontrado la solución perfecta a sus problemas, que obtendrán el respeto que echan de menos en la vida. Ellas no se quejan de su situación, al contrario, dicen que están en la gloria. A pesar de todo, la mayoría se da cuenta de que hay algo equivocado en la manera en que enfocan la vida y de que necesitan ayuda para tratar su infelicidad. Las condiciones y problemas del tratamiento varían de paciente a paciente. Las que han empezado ya una rutina de comilonas y vómitos son las más difíciles de tratar. El elemento de falta de sinceridad es mucho mayor. Siempre que se enfrentan con una situación que les provoca ansiedad, la evitan y se dan una comilona; no están dispuestas a abandonar esta ruta de escape por la discutible ventaja de llevar una vida más competente. Finalmente, tienen que enfrentarse a las cuestiones básicas. Cuanto antes se interrumpan esas maniobras engañosas, más alta será la probabilidad de acabar con la enfermedad.

Un factor que suele retrasar la cura es la enorme conformidad con que estas jóvenes pueden aceptar el tratamiento tras vivir toda su vida con una gran aquiescencia. Están de acuerdo con todo lo que se les dice e incluso fabricarán material que imaginan que el terapeuta querrá oír. Ésta es una razón más por la que un enfoque interpretativo es tan poco eficaz en esta condición. Las anoréxicas accederán a lo que les han dicho, lo mencionarán ellas mismas en un contexto diferente, pero en realidad piensan que no significa nada.

Detrás de esa aceptación, las anoréxicas mantienen el secreto conocimiento de que las cosas, tal y como se tratan, no son así. Durante toda su niñez han estado haciendo el doble juego a todo el mundo, accediendo a todo lo que se les decía, pero repudiándolo en secreto con el pensamiento: «Yo sé hacerlo mejor». Algunas explicarán en detalle cómo su sentido de integridad, de individualidad, de no ser un «monigote», dependía de ese conocimiento interno que, por supuesto, ellas nunca expresan abiertamente: *ellos* (los adultos) se equivocan. El terapeuta necesita darse cuenta de ello. Si las cosas van demasiado suaves y hay acuerdo con todo lo que se habla, la cuestión será: «¿Qué piensa realmente?». En cada área de discusión observaremos este pseudoacuerdo: al revisar su pasado y su vida familiar, cuando hablemos de sus amigos y cuando explique su autoconcepto o su actitud ante el peso y la comida. También encontraremos esa actitud ante los objetivos del tratamiento, particularmente en la cuestión del «crecer» o «madurar». Muchas aceptarán rápidamente que ése es su objetivo, que quieren ser independientes, aun cuando su conducta global refleja su miedo a la adultez y su determinación absoluta a no crecer.

El de Janet es un caso claro de contradicción interna. Después de tres años de enfermedad anoréxica, afirmó sin tapujos que era infeliz por culpa de su delgadez. Se daba cuenta de que era diferente de las demás anoréxicas que decían que no querían ganar peso e ideaban toda clase de engaños para ralentizar el proceso. El problema era que aquellas que protestaban ganaban peso a una velocidad razonable, mientras que ella, a pesar de sus agradables protestas, era muy lenta ganando peso durante su hospitalización. Lo poco que aumentaba de peso lo perdía rápidamente, a pesar de sus vehementes afirmaciones de que quería engordar. Sólo cuando no hubo más remedio (necesitaba ganar peso para entrar en la escuela secundaria) reconoció que durante todos esos años decía que quería engordar, pero que tenía la convicción interna de que «no quería en absoluto» hacerlo. Estaba tan en contra de ganar peso en su fuero interno que consideraba que su cuerpo no lo iba a permitir. Admitió: «Sé que no querer madurar ni tener un cuerpo de mujer es una manera infantil de ver la vida. Yo nunca quise crecer, siempre sentí que debía ser una niña en casa de mis padres». Fue una estudiante brillante, pero con la creencia de que estaba haciendo lo que otros esperaban de ella, que todos esos logros no le procuraban nada. Sólo permitió que esos sentimientos salieran a la luz después de que el tratamiento le ayudase a reconocer que era capaz de llevar una vida propia.

Los signos de cambio y progreso no son siempre fáciles de ver y es necesario que el terapeuta los perciba y los ponga de manifiesto para que el paciente crea en su habilidad para cambiar. Karen cayó en la depresión y en la anorexia durante el último año de escuela secundaria, convencida de que los demás no la apreciaban ni respetaban porque tenía «barriga». Este convencimiento estaba fundamentado en muchas evidencias; todo empezó en la guardería, donde se había sentido insegura: incluso entonces el grupo no la aceptó porque no era lo «suficientemente brillante»; pero había luchado contra ello aunque siempre pasó desapercibida. Nos describió con gran detalle la diferencia entre los «compañeros» y los «peones» y cómo tu destino en la escuela secundaria dependía de la posición que conseguías ya en la escuela primaria. Mientras explicaba esto, hubo una pequeña vacilación y un cambio en su postura que no me pasaron desapercibidos. En un tono de voz completamente diferente se corrigió y dijo que eso no era cierto, que las chicas a las que había envidiado cuando era más joven no eran ni social ni académicamente mejores que las demás. Ésta no fue sino la primera ruptura en su convicción de que el tamaño de su figura y la planicie de su estómago determinaban su estatus y atractivo. Respondió muy bien a los elogios que le hice. Le dije que había sido muy sincera al admitir un error en su pensamiento, que esto era un buen signo y que sería capaz de aprender a corregir otros errores en esas convicciones dolorosas que dominaban su autoconcepto.

Varias semanas más tarde, al conocer a otra paciente anoréxica, Karen hizo una reflexión muy apropiada. «He estado hablando con una chica anoréxica y me he dado cuenta del engaño en el que se mete una cuando tiene esta enfermedad. Decía que cuando estaba deprimida no *podía* comer y me he dado cuenta de que era mentira. Me ha hecho ver lo estúpida que soy al preocuparme por mi barriga y mi peso hasta el extremo al que he llegado.» Éste no fue, por supuesto, el final de su ansiedad y su problema, pero a partir de entonces pudo diferenciar mejor entre sus diferentes estados psicológicos. Cuando tenía una recaída, decía en tono un tanto jocoso: «La niebla ha vuelto», para expresar que no razonaba con claridad.

Lucy era excesivamente rígida en todo lo que hacía. Durante las sesiones se sentaba tiesa, sin apenas moverse, y recitaba sus actividades de una manera más bien mecánica. Un día vino y se dejó caer en el sofá visiblemente relajada, y con una exclamación genuina dijo: «¡Dios, qué bien se está en el sofá!; éste ha sido uno de esos días duros de verdad». Hablaba de los muchos problemas que le habían surgido ese día y de cómo había tenido que ir corriendo de aquí para allá. Esto tal vez parezca poco importante, pero en el caso de Lucy era prácticamente revolucionario el hecho de admitir una debilidad, la simple fatiga, cualquier sensación de incomodidad y el deseo de relajarse. No se trataba de un cambio radical pero sí de un auténtico paso adelante porque pudo aceptar sus propios sentimientos sin verse obligada a un constante ejercicio de control rígido.

Tales cambios tienen lugar en muchas áreas. A medida que el autoconcepto mejora y su estilo de pensamiento madura, también cambia la manera en la que los pacientes recuerdan su pasado y su desarrollo. Cuando se convierten en participantes más activos en la terapia, se dan cuenta gradualmente de que las cosas no sólo suceden, sino que ellos mismos han desempeñado un rol activo en sus vidas de aparente sumisión y expectativas exageradas.

Durante el momento álgido de la enfermedad, las anoréxicas están tan preocupadas por su apariencia de cara a los demás, constantemente absortas en probar su superioridad o camuflar su inferioridad, que su estilo de comunicación es bastante poco natural, a menudo pretencioso y siempre serio, sin muestras de humor. Es importante que el terapeuta sea sencillo, claro y nada ambiguo en su comunicación. Siempre que puedo uso expresiones coloquiales; si puedo decir algo de una manera informal, mucho mejor. Las anoréxicas se toman a sí mismas y a sus síntomas tan en serio que algunas reaccionan como si se las atacase con sarcasmo (un tono que debe ser evitado a toda costa). Pero si el comentario se hace en un tono amistoso, sin malas intenciones, esta discrepancia en los estilos les puede hacer reflexionar sobre su propia mirada cínica del mundo. Gradualmente, incluso la anoréxica más adusta se dará cuenta de que cada pedazo de comida que no come no es un asunto de interés nacional. Más que con otros tipos de pacientes, uso mis experiencias cotidianas para ilustrar algunos puntos. Mis visitas con niños sirven como buenos ejemplos de lo que es una asertividad adecuada y una competencia constructiva o, por el contrario, de lo que es un razonamiento infantil, algo muy característico de las anoréxicas. A veces, un episodio de otra paciente (anónima, por supuesto) puede clarificar algo que la anoréxica no ha podido ver. Cuando le conté a Lucy la historia de la chica que odiaba la abadía de Westminster porque su padre la «forzaba» a ir allí, se dio cuenta de la malinterpretación de la chica. Siempre que la familia visitaba Londres, su padre, arquitecto, iba a la abadía. La hija, que había estado allí varias veces, prefería ir de compras con su madre, pero pensaba que su padre se sentiría herido si ella no le acompañaba. Entonces se sentía obligada a ir con él. Lucy reaccionó diciendo: «Es la manera en que yo me sentía forzada a comer postre». Ella siempre había pensado que su padre, al que le gustan mucho los dulces, y el cocinero que había hecho el postre iban a disgustarse si ella no se lo comía; por eso se sentía «obligada» a comerlo. Lucy ya había presentado esta historia como una prueba de coerción objetiva, y siempre añadía: «Por lo menos, no me podían obligar a disfrutarlo». Escuchar una historia de otra chica en una situación diferente le hizo darse cuenta de la distorsión de su propia reacción.

Éste fue el inicio de la recuperación de Lucy. Empezaba a superar sus convicciones erróneas. Algún tiempo después, habló de una experiencia reciente en la que había disfrutado escuchando a un amigo que tocaba el piano. Al mismo tiempo, se había sentido muy triste. Ella también era una buena música, pero nunca le había gustado tocar el piano porque la habían obligado a ir a clases desde niña. Una vez se dio cuenta de que ese sentimiento no era lógico, se sentía libre para disfrutar de la música y decidió volver a tomar clases de piano, esta vez porque *ella* quería.

La aquiescencia de las anoréxicas les suele servir para evitar los desacuerdos. Pero la psicoterapia es un proceso durante el cual se reconocen, definen y cuestionan las asunciones y actitudes erróneas de manera que el paciente las pueda abandonar. Es importante proceder lentamente y usar pequeños episodios concretos para ilustrar ciertas asunciones falsas o deducciones ilógicas. Todo el trabajo ha de realizarse reexaminando los aspectos reales de la vida, usando los pequeños episodios que aparecen cotidianamente. La mayoría de las pacientes evitará el conflicto fingiendo estar de acuerdo con cualquier cosa que se le diga. Después, aparecerá una nueva situación y el terapeuta se dará cuenta de que lo que parecía que se había clarificado antes no había sido realmente integrado.

Mara era una experta en esto. Como otras anoréxicas, estaba preocupada por su sensación de vacío, por no saber qué rol desempeñar, por engordar, pero lo que más le preocupaba era: «¿Por qué debería gustarle a alguien?». Había estado en tratamiento durante un año, en el cual habíamos hablado sobre ese tema en repetidas ocasiones; algunas veces había afirmado que ahora se sentía mucho más auténtica. Unas pocas semanas después sucedió algo que le hizo ver que sus mecanismos subyacentes seguían en pie. Había estado escuchando educadamente lo que le decía, pero, por dentro, había desestimado todos mis argumentos. No había mostrado emociones ni corregido o protestado ninguna formulación.

Una vez, mientras Mara iba de compras, de repente le atormentó una pregunta: «¿Quién quiero ser?», y se asustó porque había vuelto a caer en lo mismo, de nuevo preocupada con la cuestión: «¿Quién soy? Cuando estoy sola no puedo definir cómo soy. Puedo ver cualidades sueltas, pero nada que realmente me haga una persona completa. No puedo ver por qué le gusto a la gente. Mi miedo auténtico es a dejarme ir porque sé que después me odiaré a mí misma». Una vez más, volvía a obsesionarse con la vieja cantinela de que no valía nada.

De nuevo le dije: «Todas las chicas que enferman de anorexia viven con unas convicciones y reglas que no les ayudan en absoluto, sino todo lo contrario. Tu expresión "Me odio a mí misma si gano peso" es un ejemplo claro de tales asunciones erróneas. No hay nada odioso en ti o en tu cuerpo. Cuando te digo esto tú pareces escuchar y estar de acuerdo, pero en realidad piensas otra cosa. De esta manera no podemos tratar el problema auténtico porque tú no exploras el contexto de esta convicción falsa. Si tú no estás dispuesta a comentarlo, te quedarás siempre con esas convicciones secretas. Con respecto al aprendizaje o al cambio, no conseguiremos nada».

En esa sesión, Mara asoció su miedo a ser engañada a la manera en que ella siempre se había sentido engañada en su familia, cuando nadie le prestaba atención si se sentía triste. «Yo llevaba una vida falsa, siempre con miedo a fracasar.» Ese día sí escuchó realmente la explicación que le di: la ansiedad continua ante la idea de que su propio ser no era lo suficientemente bueno la había obligado a llevar una existencia falsa, siempre perseguida por la pregunta: «¿Quién soy yo?». Le expliqué que esta autoevaluación es la esencia de la enfermedad y que podía liberarse de ello, pero sólo si aceptaba a su genuino yo, tan inmaduro como fuese. Su yo tenía que ser lo bastante bueno para ella.

Tras esta sesión, Mara fue relajando las exigencias excesivas que se hacía a sí misma. Hasta entonces, sólo el trabajo que le exigía un esfuerzo extremo le daba la sensación de cumplimiento. El trabajo con el que disfrutaba o que le parecía fácil no valía la pena. Paulatinamente, fue adaptándose a la sociedad y empezó a disfrutar con sus amigos —sólo para pasarlo bien, sin querer probarse nada—. Su peso aumentó gradualmente hasta un nivel normal, con cierto asombro por su parte por poder romper barrera tras barrera y hasta con estupefacción porque disfrutaba de la comida. Un tiempo después, otra chica anoréxica, viendo a Mara salir de la oficina, preguntó: «¿Y esa chica sonriente también ha tenido la enfermedad?». Ver esa sonrisa era tranquilizante porque le daba la esperanza de que ella también podría volver a disfrutar de la vida.

En la anoréxica, el incremento de confianza en sus propias capacidades y la convicción de que tiene un valor propio son procesos lentos que necesitan ser explorados en diferentes áreas. La creencia de ser inadecuada o de no valer nada está tan asentada que ya ha aprendido a ponerse la máscara de superioridad siempre que experimenta la más mínima duda o le llevan la contraria. Las anoréxicas, como otros pacientes, tienen miedo a cambiar y abandonar la falsa realidad en la que viven. Sin guías propias y auténticas, han confiado excesivamente en los elogios y en la buena opinión que tienen de ellas. Se sienten seguras ante críticas y culpas sólo cuando mantienen esa imagen de perfección a ojos de los demás. Esta necesidad domina su conducta durante el tratamiento y enfrenta al terapeuta con una tarea de doble filo. Debemos oponernos a sus asunciones erróneas y, al mismo tiempo, animarla a que mejore su autoimagen. Las pacientes sólo confesarán su mala autoimagen y su miedo a que las condenen por insignificantes cuando la relación con el terapeuta sea de plena confianza, cuando aprecien que éste se interesa y aprecia sus habilidades genuinas, cuando vean que se les concede una personalidad auténtica e independiente. Esto requiere que el terapeuta diferencie entre su actitud genuina y la falsa.

Si la terapia se desarrolla centrándose en las dudas del paciente, su indecisión y su autoevaluación, el progreso se manifestará por sí solo en muchas áreas de la vida, aumentando la confianza en sus propios sentimientos y pensamiento, y haciendo que acepte una actitud más armónica u orgullosa hacia su cuerpo y su madurez en la edad adulta.

Un importante signo de progreso es el desarrollo de nuevas amistades. Durante la fase aguda de la enfermedad, las anoréxicas están completamente aisladas y como absortas. A medida que mejoran, se interesan más por los otros y ansían tener relaciones cálidas y afectuosas. Tras estar fuera de contacto durante tantos años, a menudo necesitan ayuda con respecto a las relaciones humanas e, incluso más, sobre qué se debe esperar de una amistad. Cuando eran niñas fueron sobrevaloradas por sus padres y, por eso, se sienten rechazadas si no se les elogia y fuerza continuamente o si se les critica o se está en desacuerdo con ellas. También tardan mucho tiempo en desarrollar relaciones heterosexuales significativas. En algunas hay un gran deseo de ser consideradas atractivas y tener muchos novios les sirve para obtener confianza. Otras se aferran a la convicción de que el amor les curará y hará que las dificultades desaparezcan, pero los jóvenes suelen salir huyendo ante una tarea de tal calibre. El compromiso de matrimonio se suele posponer hasta que han probado su capacidad para sentirse independientes y libres y han pasado a ser personas seguras interiormente.

Hacia el final del tratamiento, suelo preguntar a mis pacientes cómo se sienten acerca de haber sufrido esta enfermedad y el rol que ha desempeñado en sus vidas. Ninguna ha expresado lamentaciones por haber sido anoréxica. La mayoría sienten que sin ello se habrían quedado estancadas en su actitud superdependiente con respecto a su familia o habrían caído mentalmente enfermas de otra manera. Algunas sienten vergüenza por la mentalidad que han dejado atrás, por haber sido tan inmaduras e infantiles en su conducta durante esa época. La idea de que han decidido solucionar sus problemas a través del hambre e intentando ser la persona que no son se les hace incomprensible. A la pregunta de si podrían haber alcanzado este nivel de madurez y bienestar sin tratamiento responden unánimemente que no. Sienten que el mayor beneficio es que se entienden mejor a ellas y a los demás, que han ganado un nuevo punto de vista con respecto a sus padres y su relación con ellos. En particular, entienden a los otros jóvenes mejor y consideran que ello es un beneficio para toda la vida.

Cuando se le preguntó a Naomi cómo se las hubiese arreglado sin tratamiento, respondió sin dudarlo: «Probablemente nunca hubiese conseguido subir de 39 kg de peso y hubiese continuado histérica con la balanza. Seguramente me hubiera convertido en una persona poco relajada, brillante en mi carrera pero constantemente preocupada por no ser demasiado eficaz. Pienso que hubiese seguido obsesionada con la idea de ser especial y complacer a mi familia. Sentía que no tenía derecho a ser algo si no era para destacar, ya que estaba en mis genes, porque en mi familia todos eran brillantes. Toda la vida he estado aterrada ante la idea de que descubriesen que soy un fiasco, que no tengo ningún valor». Durante su tratamiento estudiamos qué quería decir con «no ser demasiado eficaz». Al principio no tenía ningún concepto o sentimiento al respecto. «Demasiado eficaz significa cuando te derrumbas, cuando tu cuerpo ya no da más de sí.» Gradualmente fue viendo que: «Tú das lo que tienes para dar, y no lo que no tienes». Ahora que está recuperada de la enfermedad, siente que tiene un mensaje para los demás: «Dígale a la gente y hágale entender que no hay ningún mérito en pasar hambre. Una no es superior por estar hambrienta».

El trabajo terapéutico con estas chicas es difícil, lento y, a veces, exasperante. En cierta manera, tienen que desarrollar una nueva personalidad después de años de existencia falsa. No hay mejor recompensa que ver a esas delgadas, rígidas y aisladas criaturas convertirse en seres humanos cálidos, espontáneos, con muchos intereses y una participación activa en la vida. Durante la enfermedad, parecen haber salido del mismo molde, ya que utilizan idénticas frases estereotipadas. Es realmente emocionante ver cómo emergen las personalidades individuales después de años de estar absortas.

En conclusión, me gustaría acabar ilustrando cómo el cambio en la imagen refleja el paso de sentirse una víctima de las circunstancias sin remedio a participar en la vida. Durante el primer año de tratamiento, Ida, a la cual conocimos en el capítulo 2, usaba la imagen de un gorrión en una jaula dorada para describir su posición en la familia. Sentía que no estaba hecha para el lujo y la elegancia de su hogar; no quería estar expuesta a las miradas de los demás, sino pasar desapercibida, libre para moverse y expresar sus propias ideas. Poco antes de finalizar el tratamiento, se le preguntó acerca de la imagen del gorrión y, aunque todavía pensaba que había estado en una jaula, ahora decía que fue ella quien la creó. «Una vez que estableces una pauta para ti misma, quieres estar a la altura de lo que piensas que los demás esperan de ti. Esa pauta artificial se convierte en tu jaula, en algo para impresionar a la gente. Creé una jaula dorada adornada con joyas de manera que su esplendor impresionase a la gente.» Ella cree que el tratamiento la ayudó a romper la jaula, que ha desechado las nociones e ideas que construyeron ese encierro y que está libre para siempre. Ahora se siente orgullosa de ser quien es, de sus objetivos y logros, y ya no tiene el impulso de crear una superestructura artificial. Está satisfecha y contenta de conducir su propia vida.